Islay

Islay

Bunnahabhain

Caol Ila

Finlaggan

Port Askaig

Kilchoman

Machir Bay

Bruichladdich

Bridgend

Bowmore

Port Charlotte

Gartbreck

Portnahaven

Islay

Airport

The Kildalton

Port Ellen

Ardbeg

Lagavulin

Laphroaig

Jura

Jura

Islay

到艾雷島喝威士忌

Islay

嗆味酒人朝聖之旅

梁岱琦——文

謝三泰——攝影

艾雷島的餘味

　　已經記不得第一次嚐到艾雷島威士忌時的情景，確定的是，那應該是一杯波摩 Surf。那時，還不時興喝單一麥芽威士忌，對艾雷島更是似懂非懂，所以即使是年輕、淡雅的波摩，酒中的那股泥煤味，還是讓我望而卻步。

　　人生很奇妙，隨著時間、際遇的改變，當初敬而遠之的，卻成了終身所愛。初時，當席間有人大讚這是好酒時，總是皺著眉，不明瞭這酒的魅力究竟在那？後來，硬著頭皮闖入艾雷島威士忌的世界，從一開始懼怕，到後來逐漸懂得它的滋味，其實不需要花太多的時間。

　　艾雷島威士忌裡有種粗獷的細緻，在那招牌的泥煤煙燻味後，藏著極為複雜的滋味，有時是果乾的甜、有時是香草的清新、有時帶點蜂蜜的暖膩、有時則又像是土地的泥香；更多時候，它讓你有種面向著海洋的錯覺，像似海潮湧向你，空氣中帶著鹹味，幾乎可以嚐到那海水；也像是誤闖入迷漫著雪茄煙霧的密室，厚重的煙燻味，將人團團包圍住。

　　艾雷島威士忌常令人驚喜，感覺就像掀開一扇厚重的大門，裡頭卻是一間精巧的藝廊，也像是聽著小號手豪邁地吹奏著，但在咆哮中卻是款款的深情。

　　一杯、兩杯、三杯艾雷島威士忌，似乎再也無法滿足。大膽地興起到艾雷島走一遭的念頭，念頭興起到成行，時間恰恰只有三個月。這個位於蘇格蘭南方的小島，只有三千多人，島上沒有任何紅綠燈，牛羊群綿延至天邊、大自然唾手可得，遼闊的海洋、寬廣的天空和質樸的人們，蘊育出性格獨具的威士忌。

蘇格蘭使用泥煤煙燻麥芽的產地不只艾雷島，但艾雷島威士忌的風格卻無可複製，同產區的八間蒸餾廠，每間都是獨一無二的，即使是鄰近的蒸餾廠，依舊能各自保有各自的風貌。蒸餾廠有美麗的風景、難忘的美酒，還有那辛勤的釀酒人。

不只一次，在蒸餾廠裡遇見工作了數十年的蒸餾師，他們多是挺著個大肚子，壯碩的身材，操著完全聽不懂的口音，講著新酒的學問。語言不通沒關係，他們的眼神透露著對自己工作的驕傲，一輩子與威士忌為伍，許多蒸餾廠至今仍捨棄科技不用，單純地信賴這三、四十年的蒸餾師，決定最關鍵的蒸餾程序，該萃取那些珍貴的酒心，好做成迷人的佳釀。

邊喝邊旅行、邊旅行邊喝。站在蒸餾廠的堤岸邊，啜飲著艾雷島威士忌嘉年華的限量酒，看著清澈海水裡載浮載沉的海藻，迎著微微的海風，遙望著遠方的北愛爾蘭，這是一種感受。

另一種感受是，開著車子走進蜿蜒鄉間小路，臨時起意的叨擾，換來的是毫不保留的招呼。或是在街角、在餐廳、在PUB的一隅，只要主動開口，得到的都是不做作、直接的熱情。艾雷島人們就像威士忌，喝一口，暖暖回味在心頭。

一趟艾雷島威士忌嘉年華之旅，喝了許多這輩子可能再也喝不到的好酒，也遇見許多深印在腦海中的臉孔。

威士忌的品酒順序裡，在辨別顏色、香氣、酒體後，最後一道稱為Finish。Finish通常翻譯為「尾韻」，指的是酒入喉後，留在口腔裡的滋味，但我更喜歡稱它為「餘味」。「餘味」是一種殘留與回味，一種令你念念不忘的感覺，喝完一口威士忌，似又未完全飲盡，餘味留在口中和心裡。

下次喝完最後一口艾雷島威士忌時，記得留意那餘味。把杯子湊到鼻子前聞一聞，好好享受沉澱在酒杯裡的香氣，這本書所記載的文字和影像，就像是遺留在杯底的艾雷島威士忌的餘味，不願一人獨享，所以共享，希望你們也能盡興，找到自己喜歡的艾雷島片段，那怕只是一景或是一物，細細地沉澱在心底，就已足夠。

目次
/
contents

002　前言　艾雷島的餘味

Part 1
他方之島 This Remote Island
009　蘊釀
025　啟程
037　艾雷人
049　泥煤的溫度
055　威士忌和美食

Part 2
酒廠嘉年華 Distillery Carnival
070　**Ardbeg 雅柏**—— 很細緻的泥煤怪獸
082　**Bowmore 波摩**—— 傳說中的No.1酒窖
096　**Laphroaig 拉弗格**—— 正露丸風味的蒸餾廠
114　**Bunnahabhain 布納哈本**—— 堅忍掌舵的老船長
130　**Lagavulin 拉加維林**—— 擁有死硬粉絲的死硬派
142　**Caol Ila 卡爾里拉**—— 25年的雪莉桶原酒
154　**Bruichladdich 布萊迪**—— 艾雷島上耀眼的一顆星
170　**Kilchoman 齊侯門**—— 農場式的小小獨立蒸餾廠
180　**Jura 吉拉島**—— 最不可能到得了的地方
190　**Gartbreck 第九間蒸餾廠**

Part 3

196 風格獨具 Unique Taste

199 什麼是單一麥芽威士忌

205 單一麥芽威士忌的誕生

發芽Malting 糖化Mashing 發酵Fermentation

蒸餾 Distillation 熟成Maturation 裝瓶Bottling

219 蘇格蘭威士忌產區

斯貝河畔區Spaysides 艾雷島Islay 高地區Highland

低地區Lowland 島嶼區Islands 坎貝爾鎮區Campbeltown

附錄

228 走看艾雷

238 艾雷島旅遊實用資訊

239 艾雷島、威士忌相關中英文對照

他方之島

Part 1 This Remote Island

艾雷島，北境的小島。

過去都是從瓶中、杯裡認識它，想像著會是一塊怎樣的土地、怎樣的人們，釀做出如此特色鮮明、性格獨具的琥珀之液。

「風土」一向是製酒的關鍵，走一趟艾雷島，優美的風景和質樸的居民，在心裡留下深深的烙印，成了艾雷島威士忌最棒的餘味。即使酒杯早已見底，餘韻依舊回味無窮。

醞釀

Islay

粗獷男子的溫柔的心

曾經，在冬夜，倒一杯金黃色的液體，直暖進心裡，即使酒杯已盡，獨特的酒香氣，還留在味覺裡，久久不肯散去。

喝酒是件很私密的事，喝威士忌更是，威士忌是「生命之水」，箇中的滋味只有自己才了解。有時，我們會用一點威士忌，化解那尷尬的開場，鬆開彼此的心防，掏出一些心裡的話。有時，只是需要陪伴，又或者，只是單純想喝。

年紀愈長愈懂得，甘美常在苦澀後，時間是最好的證人。愈來愈喜歡那種經過長時間使用，木頭潤出的光澤；酒經過陳年後，褪去嗆辣刺激，只留下舌尖的香醇。艾雷島威士忌是獨特的伴侶，不是每個人都懂它，你只會和懂得的人喝。

很多人不喜歡它入口時，刺鼻的味道。消毒藥水、外科診所、碘酒味、正露丸、煙燻味、海水味，這些都是形容它的字眼。很多人因此掉頭離去，更多人從此深陷它風味的泥沼裡。

它就像粗獷的男子有顆溫柔的心（Tough Guy With A Gentle Heart）（註1）。令人想要細細探究，那強烈外表下，內在的底蘊。

荒蕪的海岸邊，布滿了海藻，有些艾雷島威士忌喝起來也帶點海藻味。

豐沛的水源和大麥，艾雷島先天就擁有製造威士忌的兩大要件。

註1：旅居艾雷島的Martin Nouet女士曾以「Tough Guy With A Gentle Heart」此絕妙好詞形容艾雷島威士忌，她也是少數獲得「蘇格蘭雙耳小酒杯大師」（Master of The Quaich）的女性之一。

靈魂也滲入威士忌中

　　艾雷島威士忌的滋味來自於島上的風土和製酒的人們，因為蒸餾廠鄰近大海，威士忌在橡木桶陳年時，吸取著空氣中海洋的氣息，製酒的水源流經泥煤的地層，帶著淡淡的咖啡色，泥煤層中富含石楠植物等物質，也流浸於水源裡。麥芽在乾燥的過程中，以島上數千年來慣用的燃料泥煤燻乾，煙燻的風味因此附在麥芽中。當然還有，島上的居民是那麼地熱情質樸，他們深愛這塊土地，張開雙臂迎接想認識艾雷島的人，並以身為艾雷人而驕傲，他們的靈魂也滲入威士忌中。

　　艾雷島威士忌就是靈魂的滋味。

　　想像迎著風、臨著海，啜飲這味道獨特、強勁的酒液。想去艾雷島，想親自體驗那威士忌的製成過程，想讓艾雷島威士忌帶著我，認識這個遠在大西洋的遙遠島嶼，於是我從台灣這個小島到了地球另一端的另一個小島。

艾雷島 Islay，愛啦！

　　這是一趟在心底蘊釀很久的旅程，從味覺、嗅覺、顏色和溫度，用那一口口暖進心裡的感覺。

　　艾雷島，Islay，發音為eye-la、愛啦。以前常搞不

齊侯門附近的馬希爾（Machir Bay）海灘上，層層綿延的細沙。

清楚該怎麼唸，去過以後，就真的愛上這個有著獨特人情味的小島，永遠忘不了。

　　這是一個人口只有三千二百二十八人（註2）的小島，是威士忌的產區之一。在蘇格蘭的地圖上，它位於西半部支離破碎海岸線的尾端，是赫布里群島（Hebrides）裡最南的一個小島，雖然面積不大，但自古就為權力中心，素有「赫布里女王」之稱（The Queen of the Hebrides）。島的一邊緊鄰蘇格蘭，另一邊則是一望無際的大西洋。

　　艾雷島上只有兩條公路，沒有任何紅綠燈。面積為六百平方公里，跟新加坡差不多，說大不大，說小也不算小，如果從地圖的右邊開到左邊，差不多也要五、六十分鐘。不過，這麼小的島卻名聞遐邇，世界各地都有人著迷於它的滋味，艾雷島的魅力就在杯裡持續發酵。

威迷心中的夢幻逸品

　　最有名的當然就是威士忌，艾雷島有著長達一百三十英里的海岸線，不少蒸餾廠都位於海邊，終年面對強勁海風的吹拂，吸取著海洋的精華。島上總共有雅柏（Ardbeg）、波摩（Bowmore）、布萊迪（Bruichladdich）、布納哈本（Bunnahabhain）、卡爾里拉（Caol Ila）、拉加維林（Lagavulin）、拉弗格（Laphroaig）、齊侯門（Kilchoman）八個威士忌蒸餾廠。過去曾經有另一個蒸餾廠波特艾倫（Port Ellen），但已在一九八三年結束威士忌蒸餾作業，轉成了麥芽廠，專門提供麥芽給艾雷島上其他的蒸餾廠，少數仍在市面上流通的波特艾倫酒款，成了威士忌迷們心中的夢幻逸品。

　　艾雷島威士忌有著獨特的風味，也是島上最大的產業。對於是誰發明製造威士忌的方法？綜合各種傳說，最普遍的講法是愛爾蘭人發明了威士忌，而艾雷島距離愛爾蘭只有四十公里的距離，天氣好時，從艾倫港方向往南望，可以清楚看見愛爾

註2：2011年人口普查數。

蘭，艾雷島威士忌製造歷史悠久，早早就得到愛爾蘭的真傳。

威士忌之外

　　除了威士忌，艾雷島擁有豐富的自然景觀，有漂亮的海岸線和沙灘，平緩的草地與海岸相連，常可見放牧的牛羊群，就在海邊悠閒地吃著草。八月左右，島上的泥煤地上，會開滿淡紫色的石楠花。超過二百五十種的鳥類在島上駐足，讓艾雷島也成了賞鳥人士的最愛，島上野外生態豐富，常可見開著露營車或騎著單車，甚至不少健行客，選擇以徒步的方式瀏覽全島，也有騎著哈雷重型機車，「重裝」前來的旅客。

　　文明和歷史起源極早，艾雷島上有不少遺跡，有一西元八〇〇年即存在的基戴爾頓高十字架（The Kildalton High Cross），現仍矗立在島的南方。面積雖不大，但艾雷島曾自成一王國，一度是蘇格蘭西岸的權力中心，維京人試圖占領它，不過遭遇艾雷島人頑強的抵抗，島上的居民很早就展示他們強烈的凝聚力，即使到今天都不曾改變。

蓋爾文化

　　艾雷島深受蓋爾文化影響，島上唯一的大學即是蓋爾學院。蓋爾語（Gaelic）是凱爾特文化的分支，當初是愛爾蘭移民帶入蘇格蘭地區，不過隨著時間的演變，蓋爾語與愛爾蘭語似乎又有些微的不同，主要使用者以蘇格蘭西部和赫布里群島的居民為主。艾雷島上隨處可見蓋爾語，像那些唸不出來的酒廠名稱和地名都是，甚至連艾雷島威士忌嘉年華的官方網站，一開始就以蓋爾語書寫，也有不少蓋爾語和蓋爾音樂的工作坊（Workshop）。

艾雷島威士忌及音樂嘉年華

　　旅行有時真的需要一點衝動，尤其是要飛越大半個地球，到一個很多英國人、甚至蘇格蘭人，都不曾去過的小島，更是要多一點勇氣。怕再不動身，這股念頭會逐漸消失，於是艾雷島的旅程就從一封封的Mail開始。

　　每年五月的最後一週，都會舉辦「艾雷島威士忌及音樂嘉年華」（The Islay Festival of Malt & Music，或者島上習慣以蓋爾語寫成Feis Ile）。早早在一年前，艾雷島威士忌及音樂嘉年華的官方網站上，就會預告下次嘉年華開始和結束的日期，真要去艾雷島，當然不想錯過這一年一度，在艾雷島威士忌迷心中，有如朝聖般的威士忌慶典。

　　艾雷島威士忌及音樂嘉年華的誕生，很值得借鏡。一開始只是島上的居民覺得蓋爾文化逐漸失傳，蓋爾語已不被納入主流教育裡，擔心無法傳續，於是在一九八四年先辦了第一屆的「蓋爾文化戲劇節」（Gaelic Drama Festival）。除了蓋爾語戲劇演出，也加入了傳統音樂和樂器的工作坊，吸引了島上年輕和年長者的認同與參與，進一步成立了艾雷島藝術協會，成了艾雷島威士忌及音

即使已是五月，艾雷島仍常見一片枯黃，有種蕭瑟的美感。

樂嘉年華的前身。

就像許多偏遠的小島一樣,艾雷島也被高失業率所苦,島上居民們認清唯有靠著自辦活動,才能讓人們踏上這個小島,自己創造就業率。當時他們想到的是蓋爾文化,想讓蓋爾文化藝術節成為艾雷島的招牌,一直到一九九〇年,才有人在藝術節裡辦了第一場艾雷島威士忌的品酒活動,遲至二〇〇〇年,島上的蒸餾廠才陸續加入,在這一週裡,每間蒸餾廠有自己的「開幕日」(Open Day),開放廠區讓大家參觀,設計各式同樂活動。有了蒸餾廠的助陣後,蓋爾文化戲劇節,也就順理成章轉變成了艾雷島威士忌與音樂嘉年華(簡稱,艾雷島威士忌嘉年華)。

蒸餾廠每年都會針對艾雷島威士忌嘉年華,推出「限量版」的威士忌,很多死忠酒迷們,為了要搶得一瓶珍藏,每每酒廠還沒開始營業,就已大排長龍,展現對艾雷島威士忌的高度忠誠。艾雷島威士忌嘉年華也成了艾雷島一年一度的盛事,這段時間,蒸餾廠為酒客們敞開大門,全島為這活動全數動員了起來,短短一個星期,有近萬名的遊客抵達島上,數量是島上居民的三倍。艾雷島人靠著自己的力量,讓一個貧窮的海島,脫胎換骨成了全世界威士忌迷們,畢其身欲朝聖的「聖地」了!

旺季,太晚訂房了

起步太晚了!每年到了嘉年華活動期間,艾雷島上都是一房難求,在二月底、三月初時,試著透過網路訂房,距離五月底的艾雷島威士忌與音樂嘉年華,還有三個月,但一開始,大部分收到我Mail的艾雷島民,都驚訝,「怎麼這麼晚才在找住的地方?」

艾雷島總共有十三間的旅館、四十四間的B&B(Bed & Breakfast)和一百二十四間的出租渡假小屋(Self Catering Accommodation),對一個小島來說,這樣的數量

捧著杯威士忌,在蒸餾廠內閒晃,是艾雷島威士忌嘉年華時,遊客最愜意的一件事。

並不算少。尤其是平時艾雷島的觀光客並不那麼多，艾雷島威士忌嘉年華是最大的活動，一開始確實有點心存僥倖，想應該不會這麼糟，一個房間都訂不到吧！沒想到搞不定住的問題，差點放棄了這趟艾雷島行。

預約布里金德飯店Bridgend Hotel

每天起床第一件事，就是打開電腦，檢查所有來信。只是一封封回覆已客滿的Mail令人氣餒，還有B&B的老闆在Mail裡忍不住用教訓的語氣提醒，房間應該要在一年前就訂好，怎麼會在嘉年華開始前三個月，才在找住的地方？本以為這下該去不成了，某天早上收到一封好消息，布里金德飯店的經理蘿娜回信，我很幸運，剛好有人訂房取消，他們多了間空房出來，順利解決了住的問題。

艾雷島濃濃的人情味，也在訂旅館時就感受到，當我收到蘿娜的來信，告訴我有一間空房時，同一時間，我也收到其他旅館及民宿主人的Mail，他們聽說布里金德飯店剛釋出一間空房，叫我趕快跟旅館聯絡，甚至還把我的Mail同步轉發給蘿娜，讓我還沒踏上艾雷島，就有滿滿的感動。

艾雷島的行政首府是波摩（Bowmore），沒錯，波摩是島上最熱鬧的小鎮，同時也是波摩蒸餾廠所在。它位在島的中央位置，布里金德飯店就在波摩再過去一點，是個小巧古典的旅館。能夠在千鈞一髮之際，幸運有了一間舒適的房間，讓我們的艾雷島之行，有了幸運的開始。

租車，才能解決行的問題

島上的人口密度實在太低了，公共巴士一小時才一班，八個酒廠位置東南西北都有，租車似乎是最好的方法。

港灣邊常可見海鳥棲息著。

艾雷島威士忌嘉年華期間,島上
一房難求,不少人選擇在海邊搭
帳篷露營。

海邊小鎮是島上常見的聚落形
式,此為艾雷島南端的波特那黑
文(Portnahaven)。

布里金德飯店有著小巧典雅的英
式庭園。

透過Islay Car Hire網站，以Mail的方式預訂車子，一開始收到回覆也是車子都被預訂滿了，只是不死心，回了一封可憐兮兮的信，表明只要在艾雷島期間，不管有多久、不管是什麼樣的車子都可以。通常臉皮不會這麼厚，實在太想去艾雷島了，幸好鍥而不捨，總算有了意想不到的結果。

謝謝，溫暖助人的艾雷人

租車公司來信問我，如果是手排車可以嗎？可以、可以，已經都說了，什麼車都可以，這時就算是小發財車，也會毫不考慮立刻就租。不過，租車公司允諾只有頭幾天有車，行程後兩天，暫時還沒有，但安慰我，也許晚一點，能夠協調出車子給我用。

果真，到了艾雷島後，本來以為最後兩天，會無車可用，結果又是出乎意料。原車可以使用到離開艾雷島那天，讓我們不致淪落到得「健行」，真是謝謝溫暖又助人的艾雷島人。

沒有紅綠燈，只有一條沿著地形起伏的道路，在艾雷島上開車是件暢快的事。

小心羊！開車在路上遇到羊群的機率比人高上許多。

啟程

Islay

島上的風，迎接著我們

這是金雀花和藍鈴花的季節，卻遍尋不到石楠花的蹤影。

當乘著小小的飛機，穿過蘇格蘭西岸那破碎的海岸線，降落在艾雷島的土地時，島上那有名的風，正迎接著我們。頂著風前進，帶著雀躍的心情，終於要踏上艾雷島，準備好品嚐島上的風土和人情滋味！

那是一台SAAB 340的螺旋槳小飛機，機組人員就三名，機長、副機長和一位空姐，從格拉斯哥機場起飛，航程很短，大約三十分鐘，機上沒有任何服務，可能是時間不允許吧！飛機起飛沒多久，飛越星羅棋布的島嶼後，就看見海面閃耀金色的陽光，照射在純白的酒廠外牆上。

矗立海邊的白色酒廠

雅柏、拉加維林和拉弗格三間蒸餾廠，齊聚在島的右岸，三座白色的酒廠，就矗立在海岸邊，吸收著海風和潮汐的精華，蘊釀成獨到的滋味。可惜是搭飛機前來，如果是坐渡輪，停靠岸是艾倫港，據說遠遠就能瞧見蒸餾廠，能夠望著白色建築，一步步靠近艾雷島。

因為島上人口真的不多，機場也只有一條簡單的跑道，才一進機場就看到拉弗格蒸餾廠的經理約翰・坎貝爾（John Campbell），看來應該是為迎接搭乘同班機的貴賓而來。

在機場拿了先前預訂租車的鑰匙，小小的手排白色Polo，就要陪著我們南北四處奔波了。

搭乘螺旋槳飛機是抵達艾雷島最快速的方式。

雪白外牆的蒸餾廠，是艾雷島必訪之地，圖為拉加維林蒸餾廠。

一旁草原一旁是海

島上的公路，嚴格來說只有兩條，最常走的是A846，它延伸到島的另一邊時，成了A847。另外一條B8016，則是蜿蜒在鄉間的產業道路。其實，整個艾雷島都是鄉間的景色，最常見是公路沿著海岸線，一旁是草原、一旁是海洋，羊兒逍遙地低頭吃草，有時看著牛和羊群，走著走著就走入大海裡，草原和沙灘連成一片，自然放牧的動物們也就自在地遊走其中。

英國駕駛的方向跟台灣相反，我們是靠右、他們是靠左。剛開始不習慣，常沒意會過來，突然開到對方的車道，幸好島上駕駛都很友善，偶爾「凸槌」，總能禮讓我們這些外來客。

開車這件事，也再次體會到島上的人情味，在這個沒有任何紅綠燈的小島上，凡是路上遇到來車，對向駕駛一定會以手勢打招呼問好。手勢有很多種，最常見是舉一下左手或右手示意，有人甚至只舉一根手指也算。不管是那一種，只要見到來車，禮數都不會少。

剛開始有點受寵若驚，不過，既然來到艾雷島，當然要入境隨俗，只要迎面有來車，一定也跟著打招呼，這樣的動作漸漸成為習慣，小小的一個舉動，卻透露出濃濃的善意，開起車來，心情也特別好。

誤認藍鈴為石楠

艾雷島多是泥煤地質，曾經在書上看過，在石楠花盛開的季節，島上的泥煤地會覆上一層淡粉紫色的石楠花，真嚮往這樣的景色。石楠花叫「Heath」，在參加蒸餾廠之旅時，曾聽到一位酒客跟導覽員說，女兒問她，是不是因為太喜歡艾雷島威士忌，所以將她取名為「Heather」海瑟（同時也有石楠花之意）。

綿延的麥田製成聞名的艾雷島威
士忌。

往蒸餾廠的路上，常可遇到羊
群。農家在羊的頸、背上染了
色，作為自家羊群的標記。

艾雷島畜牧業盛行，常可見牛群
和羊群作夥一塊吃草。

從亞熱帶國家來，對北國荒原常見的石楠花很陌生，當在路邊看到有淡紫色的花朵時，猜想這會是石楠嗎？連忙問提著包包經過的老奶奶，她笑笑回我說，「親愛的，這是藍鈴花，石楠花的季節還沒到呢！」細看花型果然像個小鈴噹般，真是藍鈴花。

猖狂綻放的金雀花

這個季節，其實是屬於艷黃的金雀花。在公路旁，常見到一大叢、一大叢的金雀花，花型小小的，但因是灌木，總是一大把，猖狂地綻放，有陽光時，那樣的金黃，讓人心情看了特別好；沒有陽光時，慶幸島上還有金雀花，替灰撲撲的平原，妝點些顏色。

開著車在路上奔馳，在兩旁陪伴著的，經常不是可愛的羊群，就是亮晃晃的金雀花。

艾雷島沒有高山，偶有樹林，多數地形是略有起伏的草原和麥田。因為沒有阻擋，雖然已經五月下旬了，強勁的海風常就這麼直接穿進骨子裡，偶會飄點雨，氣溫頓時往下降，出乎意料地冷。白天有十五、六度，太陽露臉時，舒適宜人，但到了晚上，溫度可以降到五、六度，旅館房間裡得開暖氣，才能睡得暖和安穩。真要挑剔，時好時壞的氣候，是艾雷島之旅最讓人無法適應處。

八個蒸餾廠該怎麼玩？

多數來艾雷島的人，都是衝著島上的八個蒸餾廠，雅柏、波摩、布萊迪、布納哈本、卡爾里拉、拉加維林、拉弗格、齊侯門，這裡頭有熟悉、也有陌生的。其實，旅行從計畫時就開始了，早早就在網路上瀏覽過這些蒸餾廠，細細安排導覽行

小巧的藍鈴花開滿滿。

正逢五、六月金雀花的季節，海島各處看得見這色彩鮮艷的灌木叢，替艾雷島添上無限耀眼。

程時，也已神遊了一番。

　　八個蒸餾廠該怎麼玩？從哪裡開始？著實傷神許久，最後擬定兩段式策略。整段艾雷島之旅，抵達時艾雷島威士忌嘉年華尚未開始，選擇蒸餾廠平時的各式Tour暖身，等到艾雷島威士忌嘉年華正式開始，就以各蒸餾廠的開幕日和特別為嘉年華推出的導覽、品酒活動為主了。

不親走一遭，很難體會艾雷風味

　　於是每天安排好不同的酒廠之旅，畢竟這是來艾雷島最主要的目的，也慶幸這是個網路發達的年代，沒有距離的限制，遠在台灣就可以詳細瀏覽各蒸餾廠。雖然製作威士忌的過程大同小異，但八個蒸餾廠就如同他們嚐起來的味道，各自有各自的風格，沒有親身走一遭，很難具體感受到，這趟艾雷島之旅，就是以身體驗證不同艾雷島風味的品酩之旅。

海風強勁，將島上的樹剪出老龍虬結的枝幹。

品酩各個酒廠的經典酒款，最能滿足朝聖者的心。圖為雅柏蒸餾廠陳列出的各式酒款。

銅製蒸餾器是蒸餾廠的珍寶。

艾雷人

Islay

你是不是Ileach？

請學會這個字，Ileach、正確唸法應該是伊拉喝！艾雷人！

艾雷島威士忌獨特的煙燻風味，喝過一次就難忘，艾雷島上的人情，更是令人久久無法忘懷，品嚐著艾雷島威士忌時，腦海中浮現的常是島上的風土民情。

當在島上旅行時，只要一問「你是不是Ileach？土生土長的艾雷人？」對方總會驕傲的說是！因為聽到Ileach這個字，驚喜之餘，雙方立刻拉近了距離。Ileach是蓋爾語的艾雷人，艾雷島和蘇格蘭某些地區，直至現在，仍是習慣使用蓋爾語，包括酒廠名稱、地名都是，古老的文字和語言，仍廣泛地被使用，甚至不少官方或蒸餾廠的網站上，都能一再見到蓋爾語。

艾雷島對保存蓋爾文化、語言、文字、音樂不遺餘力，島上唯一的大學，就專為蓋爾文化而設，艾雷人也繼承了蓋爾人鮮明的性格。

威士忌已經流入血液中

我們從遠古的蓋爾祖先那，遺傳了許多個性，固執、堅持、自給自足、強悍、勤勞、直率、感性、熱情、聰明、好勝，也許還有一點調皮！

THERE ARE MANY ATTRIBUTES WE SHARE WITH OUR DISTANT FAREFATHERS：STUBBORN、RESOLUTE、SELF—SUFFICIENT、TOUGH、HARD—WORKING、ENDURING、STRAIGHT—TALKING、EMOTIONAL、PASSIONATE、PHILOSOPHICAL AND ENGAGING……PERHAPS WITH A CERTAIN ROQUISH QUALITY.

許多艾雷人一輩子都在蒸餾廠工作，流著威士忌靈魂的血液。此為布納哈本的蒸餾師羅賓，他從1978年起就在布納哈本工作。

這是布萊迪蒸餾廠網站上，對艾雷人個性的描述。艾雷島上三千多位居民，除了從事農、畜、漁業外，很多人一輩子都以蒸餾廠為家，他們動輒三、四十年都在同一酒廠工作，威士忌已經流入他們的血液中。艾雷島威士忌產業興盛，帶動的不只是島上的經濟，對島民來說，更是息息相關、休戚與共的生命共同體。

不折不扣的金雞母

談起艾雷島威士忌，並不只是關於威士忌而已，這已是島上的精神代表，更是生活、文化、歷史的一部分。艾雷人雖然不是天天都喝威士忌，但凡是一生中重要的場合，都少不了艾雷島威士忌。當嬰兒出生取完名字後，會在小Baby的額頭上，點上一小滴的威士忌祝福他或她。新年時，大家互相道賀，少不了舉杯喝艾雷島威士忌慶祝。不幸有人過世，哀悼時喝的也是艾雷島威士忌。雖然平常以便宜的啤酒為主要酒精飲料，但有朋友來訪，艾雷島人一定把家裡最好的那瓶艾雷島威士忌拿出來，招待貴客。

Slaandjivaa！當艾雷人、甚至蘇格蘭人舉杯時，一定會喊Slaandjivaa！在蓋爾語中為祝身體健康，也有舉杯祝賀之意，當倒上一杯艾雷島威士忌，大夥齊聲說句Slaandjivaa！一切溢於言表。

威士忌是經濟效益極高的產業，Lonely Planet旅遊書就提到，光是艾雷島上的八個蒸餾廠，每年繳給英國政府的稅，就高達一億英磅，約五十億台幣，金額龐大到光數後面的零，都數不清了。跟島上的居民求證這樣驚人的數字，他們承認，雖然沒有「官方」證實，但聽聞是這樣沒錯。

若以艾雷島民的人數來算，島上不分男女、不管是大人還是小孩，平均每個人貢獻了三萬英磅的稅金，等於一個人就替政府賺了約一百五十萬台幣的稅收，真是個會賺錢的小島。

威士忌業也有「黑手」，專業麥
芽廠波特艾倫以泥煤烘乾麥芽，
提供艾雷島上的蒸餾廠不同煙燻
程度的麥芽。麥芽廠終日運轉不
斷，煙囪永遠冒著煙，裡頭工作
的人們極為辛苦。

島上工作機會有限

　　艾雷島是不折不扣的金雞母，Lonely Planet裡也提到，艾雷人對自己付出那麼多，卻得不到對等條件的福利，心裡有所不平，對政府多少都有些怨言。問了民宿女主人瑪格麗特，她點點頭表示認同，「政府對艾雷島的建設，做得其實不多，島上有些道路，早就需要維修了，但始終不見有動作。」島上也只有一所醫院，艾雷人除非生的是大病，一般都不太上醫院。不過，一旦病情嚴重，需要轉送格拉斯哥的大醫院，政府還是會出動直昇機，而且這部分是居民不必付任何費用的。

　　因為只有一所大學，而且還是專為蓋爾文化設立，艾雷島的年輕人多往蘇格蘭的兩大城，格拉斯哥和愛丁堡求學，當然也有不少人乾脆就留在蘇格蘭，畢竟小島的工作機會有限。為了吸引更多年輕人，能夠回到故鄉工作，像布萊迪蒸餾廠特別將裝瓶作業留在艾雷島上，廠內共有五、六十名員工，大部分都是道地的艾雷人，希望藉著增加就業機會，讓愈來愈多的艾雷島人，能札根在這島嶼上。

打魚、狩獵、畜牧與釀酒

　　早期艾雷人以漁夫和獵人為主，這樣的型態至今並未有太多的改變，艾雷島有肥沃的土地，能夠生產大麥供酒廠使用；廣闊的平原、茵茵的綠草，餵養了眾多的牛羊群，讓島上的畜牧業發達；艾雷島四周的大海，更提供了他們來自大地的生計，艾雷島供給島民們養分，人民自給自足，並製造出「生命之水」——威士忌，千百年來皆如此，難怪提起艾雷島，大家都一臉驕傲，並以身為艾雷島人為榮。

蒸餾廠內的基層員工絕大部分是道地的艾雷島人，圖為嘉年華期間示範製桶過程的師傅。

43

保齡球俱樂部

在這個悠閒的島嶼，艾雷人也用他們自己的方式來過生活。週日剛逛完蒸餾廠回來，看見下榻的布里金德飯店對面保齡球場上，有幾個人在玩球，好奇湊過去看一看。這是島上的保齡球俱樂部，幾個會員們聚在一塊打球，只是他們玩的保齡球跟常見的不一樣，一個人只有四顆球，兩人組成一隊，有一白色母球，將球擲向對向，以最靠近母球者贏。通常都是夫妻為一隊，老先生、老太太不疾不徐地慢慢玩，互相調侃聊天。他們帶著自己的球具，在週日午后，輕鬆地來段友誼賽，打時雖隨興，但計較起輸贏來，可是一點都不含糊，為確定究竟誰的球最靠近母球，只見老先生還從口袋裡掏出尺來，仔細地丈量。

看我們瞧得有趣，一位先生走到旁邊，熱情地解釋遊戲規則，知道我們就住在對面的旅館，他還大方地說，歡迎我們隨時到俱樂部裡打球，甚至表示，俱樂部裡球具一應俱全，要我們不必客氣。

艾雷島生活步調緩慢，居民夫婦倆倆成隊，悠閒地在午後打著保齡球。

生蠔出了名的好吃

他問我們去過布萊迪蒸餾廠了嗎?因為當天正是布萊迪的開幕日,我們才剛從那回來。他接著問有沒有去排生蠔攤?艾雷島的生蠔出了名的好吃,跟威士忌是絕妙的搭檔,布萊迪的生蠔攤位始終大排長龍,得有耐性才嚐得到。他驕傲地表示,在生蠔攤上做生意的就是他兒子。這名男士在艾雷島上有個生蠔農場,幾年前從約克(York)搬到島上經營養殖生蠔的生意,他笑著說,現在波摩住的房子,當初就是向布萊迪的首席釀酒師吉姆・麥克尤恩買的,因為吉姆要搬到布萊迪蒸餾廠裡住,所以把波摩的房子賣掉,由他接手。

在艾雷島旅行期間,常感受到當地人的熱情,即使是在艾雷島威士忌嘉年華期間,島上的東方臉孔也不多,知道我們從台灣來,有時在蒸餾廠裡,一見到我們,有人就直接喊「Hello,Taiwan!」向我們打招呼。

一杯啤酒就能在PUB裡打發一個下午,艾雷人也有樂天知足的一面。(梁岱琦 攝影)

泥煤的溫度

Islay

Peat，泥煤或叫泥炭，是歲月和自然的累積。

泥煤是艾雷島威士忌風味的來源，泥煤值在威士忌裡以「酚」PPM（Parts Per Million百萬分之一）來量化，以艾雷島上的威士忌為例，清淡型的布納哈本基本款約為2 PPM，經典款的雅柏10年介於中間為55PPM，泥煤值最強的布萊迪奧特摩款，則高達167PPM，可知泥煤多寡差距十分懸殊。

泥煤是沒有完全炭化的植物，在蘇格蘭的沼澤地上，石楠花、苔蘚及其他的植物，在經過一次次的成長與死亡，累積沉澱為一植被。豐厚又富含各種微物質的植被，覆蓋在北國的大地上，冬天經過冰封、雪雨，夏季一到，植物又欣欣向榮，生命的輪迴在寒帶沼澤地，經過百萬年的累積和擠壓，造就泥煤這一特殊的地質，泥煤是經年累月大自然的累積。

泥煤加海藻的獨特風格

蘇格蘭和艾雷島鮮少有森林，在缺乏木材的情況下，泥煤在乾燥後，被當成家庭用的燃料，用來烹飪和取暖用。艾雷島更用泥煤來烘乾大麥，泥煤的煙燻味因此附著在麥芽上，成為艾雷島威士忌獨特的風格。

當然，不只艾雷島，還有蘇格蘭其他地區的蒸餾廠，也使用泥煤烘乾麥芽，但似乎就與艾雷島不一樣。因為艾雷島四面臨海，有許多海藻被風吹進泥煤地裡，多了這一味，艾雷島的泥煤被認為多了海藻的味道，而且因幾乎全島都是泥煤地質，製造威士忌的水源也流經泥煤層，泥煤成了造就艾雷島威士忌如此獨特的大功臣。

泥煤不只用來添加威士忌的風味，即使現在，艾雷島人還是習慣使用泥煤，在Pub或餐廳的壁爐裡，常可見泥煤文火慢燒著，一般家庭，雖不再用泥煤來燒飯，但仍將它用做取暖的燃料，滿足生活所需。在一大早趕往蒸餾廠的路上，就看見路旁的泥煤田裡，有一對母子正辛苦工作著。

一塊塊的泥煤曾是艾雷島居民賴以維生的燃料。

艾雷島富含泥煤地質，以致流過的河水都呈深咖啡色。

厚著臉皮下車，道完早安後，嘗試問他們能不能拍照時立刻得到熱情回應，兒子不好意思地說，「歡迎！本應該跟你握手，但我的手太髒，實在不好意思。」母子倆立刻放下手上工作，仔仔細細替我們講解挖泥煤的作業。這就是純樸友善的艾雷島人。

上天的賜與

艾雷島人只要交付三十五塊英磅，就能擁有一畝泥煤田，一年內，隨便你要怎麼挖、何時挖、挖多少都可以。對艾雷人來說，泥煤是上天賜與，取之不盡、用之不竭的寶藏。在挖取泥煤時，通常他們會分成兩層，上層腐化植物的堆積時間較短，顏色較淺；下層則經過較長時間的積沉，泥煤顏色較深。用泥煤鏟將泥煤一塊塊挖出後，接下來才是吃力的工程，得將一長條的泥煤磚，整整齊齊疊成井字形，透過這樣的堆疊，方便泥煤透過日曬和風乾，能早些乾燥完成。

踩在泥煤田上，有種很奇特的感覺，像走在彈簧床上頭，泥煤像海棉般，吸附了水分和各式植被，地面濕潤又有彈性，但得小心鞋子別沾到泥巴弄髒。母子倆已疊了好些泥煤起來，他們表示，希望能一直有好天氣，早點將泥煤曬乾，如果順利的話，經過三個月的日曬，等到八月就可以用了。

直至現在，當手中握著杯艾雷島威士忌，陶醉在那久久不散的煙燻泥煤味時，總是想起那天的畫面，艾雷島居民彎著腰、沾著泥，一塊塊辛勤地採收著泥煤。這杯威士忌透露著島民勞動的滋味。

五月艾雷島的天氣無常，昨日仍有陽光，隔日就刮起風、飄著雨，有時一連幾個小時在戶外「吹風淋雨」，渴望能躲進屋子裡取暖。走進一間尋常的PUB，點了再家常不過的簡單午餐，PUB壁爐裡泥煤文火燒著，看著那徐徐的火光，暖意就進了心裡。

含有許多有機質的泥煤磚，在烘
乾麥芽時，燃燒的煙霧，替麥芽
增加了迷人的煙燻香氣。

一對正在挖泥煤的艾雷島母子，
熱情地放下手中工作，向我們解
說泥煤的風乾過程。

威士忌和美食

Islay

從吃早餐這件事，就可以看出民族性。艾雷島屬於蘇格蘭，來到蘇格蘭不能不嚐嚐道地的蘇格蘭式早餐。蘇格蘭式的早餐不是給纖纖紳士，它的份量絕對是為蘇格蘭勇士所準備的。

蘇格蘭有名的黑布丁

在布里金德飯店（Bridgend Hotel）的第一天早餐，就點了蘇格蘭式早餐，當餐端上來時，份量簡直可以當午、晚餐了。有一整根香腸、兩大片培根、煎蛋、番茄、蘑菇、一大塊薯餅，以及蘇格蘭有名的黑布丁。黑布丁其實就是以牛或豬做成的血腸，吃起來並沒有擔心的腥味。紮實的蛋白質，我相信是早期務農或漁獵時期留下的傳統，這是為一天勞動的體力做準備，吃了這份早餐，飽足過了午。

不想吃這麼豐盛，也可試試另一種有「海味」的早餐，煙燻鱈魚佐荷包蛋（Somked Haddock and Poached Egg），對海島地區而言，海鮮一直是優質蛋白質的另一項來源，除了煙燻鮭魚，也可以試試在台灣較少吃過的煙燻鱈魚。

撿到的房間

布里金德飯店是間小巧典雅的旅館，擁有悠久的歷史，根據旅館最早的記載，早於一八四九年就已有了這間旅店，而且還是被一位到艾雷島渡假，下榻在布里金德飯店的旅客所買下。旅館幾經重建、轉手，有了現在的模樣。大門入口處的前廊雖有些狹小，不過，旅館後方有個充滿英式風情的庭院，植栽整理得整齊又美麗，天氣好時，吃完豐盛的早餐後，可以到院子裡散散步，享受艾雷島美好的早晨。

當初可以說是「撿」到布里金德飯店的房間，入住之後，才了解其實很幸運。因它的地理方位正好在艾雷島的中央，跟島上首府波摩相距不遠，往任何一個蒸餾

布里金德是一間非常小巧又溫暖的旅館。

香腸、培根、煎蛋、番茄、蘑菇、薯餅及黑布丁,是典型的蘇格蘭傳統早餐。

煙燻鱈魚佐荷包蛋,是少見的「海島型」早餐。

廠，都處於適中的位置，距離波摩蒸餾廠更是近，在艾雷島的期間，就以布里金德飯店為據點，東南西北跑透透，偶爾在行程與行程間，或是晚餐空檔前，想回去歇息一會，也不是太遠。

　　布里金德飯店跟艾雷島上大部分的旅館相同，不但是旅客下榻處，同時也都擁有品質不錯的餐廳，也是當地人想大快朵頤時的選擇。布里金德飯店有較正式的餐廳、也有供簡單餐點的Katie's Bar，酒吧的名稱取自一位服務到八十歲才退休的老員工。

勤奮的個性

　　跟許多偏遠的小島一樣，艾雷島也有人口外流的情形，年輕人多傾向往格拉斯哥、愛丁堡這類的大城市發展，願意留在家鄉打拚的畢竟是少數，於是在艾雷島上常可看到許多白髮蒼蒼，就台灣標準而言，早過了退休年紀的老先生、老太太仍在工作，佩服他們刻苦、辛勤的性格時，更尊敬這些堅守工作崗位的長者。

　　不只工作年齡很長，在艾雷島威士忌嘉年華這一年一度的「旺季」時，每個人更常身兼數職。像蒸餾廠的員工，前一刻還在導覽，導覽結束後，立刻成了咖啡廳的服務生，幫忙煮起咖啡來了。到了晚上，在Katie's Bar吃飯時，又見到白天的導覽員兼差當起了調酒師。從早拚到晚，艾雷島人勤奮的個性，令人留下深刻印象。

心目中的第一名餐廳

　　因著蒸餾廠而來的觀光效益，為艾雷島帶來重要的產值，他們對觀光客一向友善，旅館更是祭出無微不至的服務。最初為了房間問題，我和旅館的經理蘿娜通了多封Mail，Check In時她沒上班，但隔天早上，一見我就親切喊出我的名字，而且

The Harbour Inn 是米其林指南推薦的用餐地點，晚餐時常一位難求。

每天早上離開旅館時，也總會問晚上會不會回來吃飯，需不需要幫我們保留位子？坦白說，這樣實在有點壓力，好像不回來吃有些不好意思，但我們比較想四處嚐嚐不同餐廳的滋味，總是回答她，不確定是不是會在旅館用餐。不過，當有一晚，所有餐廳幾乎都客滿，我們悻悻然回到旅館時，蘿娜硬是幫我們喬出兩個人的位置，讓我們吃了一頓美味的海鮮大餐。

　　普遍來說，艾雷島的餐點有一定的水準，很少吃到覺得難以下嚥的。The Harbour Inn 是間四星級的旅館，它的餐廳已連續三年為米其林指南所推薦，也是艾雷島上唯一出現在米其林指南裡的餐廳，更常在許多優質旅遊住宿美食的行列裡，雖然沒吃遍艾雷島上的所有餐廳，但The Harbour Inn 無疑是心目中艾雷島的第一名，從它絡繹不絕的饕客看來，很多人都認同這一點。

種類多樣的海產

　　The Harbour Inn一樣有正式的餐廳和輕鬆的酒吧。它的餐廳在艾雷島威士忌嘉年華期間，晚餐時段一位難求，親自跑一趟訂位時，接待的小姐面有難色，改訂午餐就容易多了，對習慣一件牛仔褲到底的我們，午餐也比較沒有需正式服裝的壓力。

　　艾雷島有兩大特色美食必嚐。一是畜牧發達，所以牛肉、羊肉甚至鹿肉都可嚐嚐；另一則是種類多樣的海產，令人吮指驚艷的海鮮，在艾雷島期間光海鮮拼盤就吃了好幾次。

　　想兩樣都嚐，於是我們點了一份大的海鮮拼盤，裡頭有包括生蠔、小龍蝦、扇貝、主廚自製的煙燻鮭魚、鱈魚和鯡魚等七、八種海鮮。這樣的份量足夠兩個人吃，不含服務費為二十二·九五英磅，約一千多元台幣，這在物價高昂的英國，一點都不算貴。再配上冰涼的白酒，真是盡興的一餐。

The Harbour Inn 的「篷車酒吧」（Schooner Bar），是品嚐艾雷島威士忌的好地方。旅館極溫暖、舒適，帶著點蘇格蘭風格。餐廳裡的招牌海鮮拼盤，一網打盡島上盛產的各種海鮮。

燉羊腿

另一個也是The Harbour Inn的招牌菜——燉羊腿（Braised Lamb Shank）。當碩大的燉羊腿端上來時，我心想，完蛋了點太多，一定吃不完。果不其然，不管再怎麼努力，最後只清光了海鮮，女服務生收掉殘餘的羊腿時，不好意思地請她轉告主廚，餐點很棒，只是我們叫太多、吃不下了。

羊腿經由長時間的燉煮，完全沒有令人害怕的羊騷味，骨肉一下子就分離，肉質已軟嫩至根本不需要刀子，叉子就可輕易取食。配上紅酒醬汁，以及芥末馬鈴薯泥，只有美味可形容，為了增加爽脆口感，還佐以紫綠色的花椰菜苗。可惜就是吃不下。

威士忌配生蠔

除了全以深藍布置的餐廳，The Harbour Inn 的酒吧「篷車酒吧」（Schooner Bar）也很特別。它有用波摩酒桶做成的桌子，我們就在這個特殊的餐桌上，叫了半打生蠔享用。在艾雷島吃生蠔有個特殊的方式，除了餐廳附上的檸檬和Tabasco，還可以直接淋些艾雷島的威士忌上去，帶些煙燻味的威士忌配上肥美的生蠔，滋味只能以美妙形容。

在The Harbour Inn，你可以有三顆或是六顆兩種選擇，六顆生蠔共十二‧九五英磅，換算成台幣六百多元，一顆生蠔一百塊錢，我想應該有很多人，想立刻飛到艾雷島吃上一打吧！

威士忌與起司

The Harbour Inn 還提供一項威士忌與起司的特別組合，它以兩杯不同蒸餾廠的

細火慢燉、入口即化的羊腿，也是The Harbour Inn的招牌菜。

點上半打生蠔配上艾雷島威士忌，是人生一大享受。

威士忌，搭配兩款不同風味的起司。波摩
Surf款威士忌配上坎貝爾鎮出產的起司，
波摩帶點淡淡泥煤煙燻及甜味，與坎貝爾
鎮經威士忌水洗過的起司，一起品嚐別有
風味。十六年的拉加維林則和同樣帶些鹹
味的藍黴起司，是特別合拍的重口味搭
檔。我就見到一位老先生，在吃完份量十
足的餐點後，還叫上這樣一份的威士忌與
起司組合，當餐後的點心，真是人生一大
享受！

　　同樣位於波摩的Lochside Hotel，也是艾
雷島上很受歡迎的餐館，它的用餐氣氛相
形之下輕鬆許多，餐廳的一旁就是海邊，
天氣好時，許多遊客喜歡端著啤酒到戶外
曬太陽，大家邊吃邊聊天，十分熱鬧。
Lochside Hotel的餐點也很美味，一旁的酒
吧擁有三百種左右的單一麥芽威士忌，應
該是艾雷島上藏量最豐富的，如果覺得在
蒸餾廠喝不過癮，還可以來這裡好好滿足
一下。

Lochside Hotel是島上另一個熱
門的用餐地點。酒吧擁有豐富的
艾雷島威士忌酒款。

有趣的聖牛小餐館

　　有時在艾雷島吃是件頭痛的事，餐廳的數量並不那麼多，在嘉年華期間，常是一位難求，如果沒有預訂，就只能早點進餐廳，搶位置囉！這個時候只想能快點填飽肚子，手腳俐落、動作迅速的The Holy Coo Bistro老闆娘，就能解決想吃飽不吃巧的問題。

　　The Holy Coo Bistro是間有趣的小餐館，那天中午我們推開門進去時，其實位子早就被預訂滿了，不過老闆娘看著飢腸轆轆的我們，算了一下，離訂位的客人來的時間，還有半小時的空檔，她指著一張桌子說，「沒關係，我動作很快，你們半小時內一定吃得完」，就閃身進廚房去忙了，留下一位老奶奶在外場服務客人。

　　Coo就是母牛Cow的意思，為什麼把餐館取名叫「聖牛」（The Holy Coo，中譯為聖牛）？原來老闆娘很喜歡艾雷島上常見、瀏海很長、長得蓋住眼睛的高地牛，她不但替自己的餐館取了個有趣的名字，餐館內繽紛的布置和招牌上那隻可愛的牛，也都出自老闆娘之手。我們點了鹿肉做的漢堡，她果然手腳很快，三兩下就端出了超大份量的漢堡，我們也在下批客人來前，順利用完午餐，飽足地離去。

The Holy Coo Bistro的布置全出自老闆娘之手，鮮艷熱鬧的布飾與牆面，跟老闆娘熱情的風格非常一致。

份量十足的鹿肉漢堡是The Holy Coo Bistro的盛情餐點。

酒廠嘉年華

深琥珀色的河水、黏密的黑泥煤、亮晃晃的蒸餾廠白牆。

走進散發著溫熱麥香的工作間，望進碩大的發酵槽，等著轉化成威士忌的麥芽酒汁冒著泡。蒸餾器運作著，在酒廠工作數十年的人們，露出靦腆的微笑，說起威士忌卻又有滿腹的驕傲與學問。

酒廠外海風咻咻地吹，酒廠內黝黑的酒窖，靜謐地像另一個時空。走訪了八個蒸餾廠再加另一個遺世獨立的小島，每個蒸餾廠都有不同的風貌，就像每瓶威士忌喝來，各有各的不同滋味。

Ardbeg

很細緻的泥煤怪獸

雅柏

Ardbeg

雅柏是個美麗的蒸餾廠，除了耀眼的白牆，還有就是那深深的「雅柏綠」！

艾雷島上每個蒸餾廠都有自己的代表色，Ardbeg是有點橄欖綠的「雅柏綠」，從威士忌的外盒包裝，到廠內的一些門、窗等小地方，都可以看到這樣的顏色。還有雅柏英文名字中，開頭的英文字母「A」，是不是覺得不太一樣？那可是維京人的牛角。喝了不少雅柏，卻遲至踏上蒸餾廠，才發現這點。

狹 小 的 海 岬

這是個忙碌的蒸餾廠。雅柏和同位於島端的另兩家蒸餾廠拉弗格（Laphroaig）、拉加維林（Lagavulin），公認是海洋、煙燻、碘酒味最重的三家酒廠，是艾雷島的泥煤「三巨頭」，這三家蒸餾廠在威士忌酒友心中，是典型艾雷島威士忌的代表，有著不可替代的位置。

雅柏是一座很漂亮的蒸餾廠，處處流露著用心經營的痕跡，遠遠就看到它那著名的寶塔式屋頂，很多蒸餾廠都有著這種寶塔式（Pagoda）的屋頂，這樣的設計對排出燻乾麥芽的煙霧有幫助，所以明明是很東方的意象，卻在多數蘇格蘭蒸餾廠都見得到。

雅柏成立於一八一五年，「Ardbeg」在蓋爾語（Gaelic）中是「狹小的海岬」之意，蒸餾廠靠海一方，白色的圍牆外，果然有一黑色岩岸聚集成的小海灣，取名為Ardbeg，當初據說就是因為這處小海岬而來。

曾 經 面 臨 停 產

雅柏是許多艾雷島威士忌迷們心中的最佳選擇，不過，它不是一直都這麼風光，這間蒸餾廠在一九八〇年代，曾經一度面臨暫停生產的窘境。撰寫《威士忌

蒸餾廠各處招牌都用上一致的雅柏綠。

聖經》（Whisky Bible）的大師吉姆‧莫瑞（Jim Murray），曾經來台灣帶領大家一起品酩雅柏，當時他就說，曾在一九八〇年左右到艾雷島，那時艾雷島威士忌強烈的風味，並不受到歡迎，到這個小島的人，百分之九十都是去賞鳥和潛水的，艾雷島威士忌賣得最好的是，沒經過泥煤煙燻（Unpeaty）的十年威士忌，常常聽到島上蒸餾廠因財務困難，撐不下去而關廠。他那時每次去都帶兩箱「雅柏10年」回來，一箱自己喝、一箱賣給朋友，因那時只有在雅柏蒸餾廠裡才買得到雅柏10年。吉姆也只以一瓶十塊英磅的成本價賣給朋友，「當初那瓶留到現在，價錢可能已經高達兩百英磅了。」

成為LVMH集團旗下的一份子

熬過青黃不接的年代，雅柏在一九九七年被格蘭傑收購後（沒錯，就是單一麥芽威士忌廠Glenmorangie），漸上軌道，在投入大量資金，並有計畫的重整後，雅柏煥然一新，成為艾雷島上耀眼的明星蒸餾廠。格蘭傑後來又被納入LVMH精品集團，雅柏現也成為跨國財團旗下的一份子，在參觀酒廠時，導覽的雅柏員工開玩笑說，希望在酒廠工作一段時間後，也能擁有一個LV包包。

雅柏是許多艾雷島威士忌迷心中的「泥煤怪

以廢棄的橡木桶製成的椅子和雅柏驕傲的得獎歷史。

獸」，能擁有如此豐富的泥煤味，祕密來自它特殊的蒸餾器。

雅柏不是個產量大的蒸餾廠，只有一對蒸餾器，其中最特別的是，再次蒸餾器（Spirit Still）上，裝了個「淨化器」（Purifier），能夠把較厚重的酒氣引回蒸餾器，再進行蒸餾，這也是雅柏的味道之所以如此獨特複雜的原因。

我們參觀時，導覽員還希望大家別隨便對著蒸餾器拍照，由這點也看得出來，酒廠對他們的蒸餾器十分寶貝。蒸餾器的形狀會影響蒸餾出來酒的味道，蒸餾器用久、用壞了得換新，比較迷信的老酒廠人，甚至覺得舊有的蒸餾器上某處有個凹痕，新的也非要有不可，免得蒸餾出來酒的味道不同。

雅柏除了標準的年份款，有兩支很特別的酒，一是名為「Uigeadail」的酒款，另一支則是膩稱為漩渦的「Corryvreckan」。Uigeadail取名來自雅柏的水源地，一座就叫Uigeadail的湖，它提供源源不絕，含豐富泥煤水質的湖水，供雅柏製造威士忌。雖然每年批次不同，風味也略有差異，但Uigeadail深邃、奔放又細緻的泥煤風格，每次都不會令人失望。

Corryvreckan則是歐洲最大、世界第二的海洋漩渦，它位於艾雷島鄰近的吉拉島（Jura）的北方，自古就是出了名的惡水，它帶著神祕的色彩，卻又隱涵著不可測的力量，雅柏以它為名的酒款，也帶著狂放不羈、複雜又深層的風格。

餐廳品質不輸威士忌

雖然雅柏的滋味被形容為有著野獸般的泥煤味，不過，實際走一趟酒廠發現，現在的雅柏處處露透著一種細緻的粗獷。雅柏的旅客服務中心頗具規模，它也是少數擁有餐廳的蒸餾廠，而且餐飲的品質不輸威士忌，甚至跟艾雷島上其他餐廳比起來，都有過之而無不及。

餐廳名稱叫Old Kiln Café，直譯就是老窯咖啡，位置就在紀念品店的旁邊，所以

雅柏蒸餾器多了個淨化器（右上），讓它的威士忌滋味更細膩、複雜。

絕對不會錯過，這個餐廳明顯也是為絡繹不絕的遊客而設的。

所謂的Kiln——「窯」，指的是製作威士忌的原料麥芽，發芽後，要開始發酵、蒸餾前，必須先送到窯裡頭烘烤至乾燥，過去多會用艾雷島上盛產的泥煤來烘乾，也是艾雷島威士忌煙燻風味的來源之一。現在許多蒸餾廠已經不自行「發麥芽」（Malting），改向專業的麥芽廠訂製麥芽，雅柏轉而利用廢棄不用的老窯，改造成乾淨現代的餐廳，不只威士忌做得好，餐廳裡的菜色也不少，而且滋味真不賴。

參觀完酒廠後，已近中午，最後一站當然是到老窯餐廳。我們點了兩份餐，一份是烤鴨腿佐薯泥，一份則是簡單的雞肉墨西哥捲和沙拉，不是太花俏的菜色，但滋味出乎意料地好吃，兩份都不錯，而且跟島上其他餐廳比起來，也不算貴。

老窯餐廳，威士忌入菜

老窯餐廳很有創意，將威士忌入菜，而且還是加在甜點裡。以雅柏酒款裡，泥煤最輕、口味最淡的酒款「Blasda」，製成的Blasda蜂蜜奶酪佐綜合莓果醬汁，是一道很清爽的甜點，很適合吃完午餐，喝了厚重的威士忌後，舒緩一下味蕾。

畢竟是在蒸餾廠裡的餐廳，得配合員工上下班時間，老窯咖啡只營業到下午四點半，好幾次想不出該去哪吃飯時，很想再來品嚐老窯的餐點，可惜晚上都不營業，只適合在參觀完酒廠後，來這享受健康美味的午餐。

導覽員解說著麥芽的磨製過程。

雅柏酒款一字排開，許多支都是威士忌迷們的心頭愛。

相關資訊

雅柏Ardbeg官方網站

http://www.ardbeg.com

★**Tours**（資訊時有變動，請以官方網站為準）

http://www.ardbeg.com/ardbeg/distillery/tours

雅柏品酩行 Ardbeg Tour & Tasting

1月至3月，周一至周五12：00及15：30
4月至復活節，周一至周六12：00及15：30
復活節至9月，周一至周日12：00及15：30
10月，周一至周六12：00及15：30
11月至12月，周一至周五12：00及15：30
每人5英磅

雅柏全方位品酩行
Ardbeg Full Range Tour & Tasting

1月至3月，周一至周五10：30
4月至復活節，周一至周六10：30
復活節至9月，周一至周日10：30
10月，周一至周六10：30
11月至12月，周一至周五10：30
每人10英磅

跨越雅柏年代 Ardbeg Across The Decades

4月至10月，周一至周五14：00
每人35英磅

解構威士忌 Deconstructing The Dram

4月至10月，周一、周三、周五14：00
每人35英磅

老窯餐廳深受酒客的喜愛，牆上
就掛著描繪雅柏蒸餾廠的畫作。

波摩

傳說中的 No.1 酒窖

Bowmore

站在波摩酒廠裡，倚著落地窗往外看，外頭是洶湧的白浪，拍打著岸邊。相形之下，波摩旅客中心二樓的酒吧裡，靜謐的像是另一個天地。

理想的入門款

波摩是我喝的第一款艾雷島威士忌，它引領我進入艾雷威士忌的世界。酒廠位在島的中央，如同它的位置，波摩的滋味在八款艾雷島威士忌裡，也較中庸，不像雅柏或是拉弗格，太過強烈的碘酒、消毒藥水味，常讓還喝不慣艾雷島威士忌的人，聞了就害怕。波摩有著細緻的煙燻味，帶有艾雷島的特色，卻又不至令人難以接受，是很適合當入門款的艾雷島威士忌。

艾雷島的蒸餾廠多位於海邊，常頂天立地般昂然迎向大海。不像其他的蒸餾廠，雖然也是緊臨海岸，但波摩更像是隱居在波摩小鎮的一隅，像個小聚落似地，靜靜地佇立在海岸的一角。

啟程前，我在網站上預訂了酒廠的工匠之旅（Craftsman's Tour）。這是個很棒的私人導覽行程，沒有其他遊客，幾乎可算是一對一的行程。之前曾向短暫下榻的民宿女主人透露，我訂了這個行程，她也大力讚賞這是個很優質的酒廠之旅。

被日本山得利集團買下

蓋爾語中，「Bowmore」意指黑色的岩石，它也是艾雷島上最古老的酒廠。波摩蒸餾廠成立於一七七九年，但在一九九四年被日本的三得利（Suntory）集團買下。令我驚訝的是，除了我們一坐下，年輕女導覽員琳達遞上的酒廠是日文簡介外，一路參觀，幾乎發覺不到日商對這個蒸餾廠的影響。

在建廠兩百多年後，波摩在許多地方，依舊堅持著傳統又美好的製酒技術，是

波摩蒸餾廠緊鄰著大海，經年受海風吹拂，吸收海洋的精華。

一整面牆都是波摩光輝的過往，值得讓人佇足細細觀覽。

個非常古典的酒廠，雖然不是艾雷島上最耀眼的那顆星星，卻曖曖內含光般，靜靜地閃耀屬於自己的光芒。

期待已久的參觀行程，是從兩杯波摩威士忌開始，在二樓的旅客中心淺嚐了波摩的滋味後，首先見面的就是製造威士忌的小小麥芽們。

地板發芽傳統的酒廠

現仍存有地板發芽傳統的酒廠已經不多，艾雷島僅剩兩間蒸餾廠維持此傳統，波摩是其中之一，另一間則是拉弗格。彎身從地上撿起一粒麥子，已經有一點點芽頭冒出來，導覽員琳達解釋，這些麥芽們已經就緒，準備被送進窯裡烘乾了。地板上鋪成一片的麥芽，需要四小時翻一次，波摩酒廠裡共有四位翻麥人，一天共分成三班，早上六點到下午兩點、下午兩點到晚上十點、晚上十點到隔天早上六點，確保一天二十四小時，麥芽們都有人照料。看來製作威士忌的第一步就不簡單，是件十分吃力的工作。

麥芽們在地板上好好地成長約七十小時後，就準備被送進烘乾的窯裡。高聳的烘麥窯一共有三層，最底層燃燒著泥煤，也是波摩威士忌煙燻風味的來源，酒廠先用乾燥的泥煤點火，之後再用仍帶水分

烘乾窯的最頂層，已鋪滿正受著泥煤薰陶的麥芽。

的未乾泥煤製造煙霧。窯的中層是熱氣集中層，最頂層放置的則是等著被烘乾進化的麥芽。

幸運的是，參觀的這天，窯頂層正鋪滿了麥芽等著被烘乾。更幸運的是，我們居然可以大搖大擺走進去，直接就踩在麥芽的上頭。喝了那麼多的單一麥芽威士忌，從沒有過這樣的機會，帶著雀躍的心情走進去，隱約感覺腳底有股熱氣，麥芽們正安安靜靜地，受著泥煤的「燻」陶。

麥芽必須歷經十五小時的「煙」燻過程，增加它的泥煤風味，接著再進行四十五小時的烘「乾」過程，全部共六十小時，這時才能移往糖化槽（Mash Tun）中，並加入溫水，經過不停地攪拌，讓麥芽的澱粉轉化為糖。

古典美麗的黃銅糖化槽

波摩的水源來自於拉根河（Laggan River），距離酒廠有七‧五英里，不算短的距離，製作波摩威士忌的水，可是歷經了一段長途旅行，才到酒廠。因為沿路流經都是泥煤層的地形，河水的顏色偏深，帶有一點淡淡的咖啡色，也把沿途土地的精華，都融入了深深的河水中。

波摩的製酒過程裡，許多地方始終不變，當多數酒廠早已把糖化槽換成現代又有效率的不鏽鋼槽時，波摩仍舊使用古典又美麗的黃銅糖化槽。

接著進入發酵過程，波摩的發酵槽（Wash Back）是由奧勒岡松製成，一樣也是年代久遠。加入酵母後，糖被轉化成了酒精，隨著發酵時間不同，每個發酵桶裡的「風景」也不一樣。年輕的酵母活力旺盛，在沒有任何外力下，桶子裡的麥芽原液不停地流動，甚至不停地冒泡，聞起來有淡淡的啤酒和麵包香，琳達笑說，這是「威士忌啤酒」（Whisky Beer），問她嚐起來味道如何？她大笑表示，就像溫的、有煙燻味，酸掉的啤酒，實在是不怎麼好喝。

波摩仍堅持使用木桶來發酵。

蒸餾師控制威士忌的蒸餾過程。
剛蒸餾出的新酒,透明無色。

經過將近二十小時的發酵過程，酵母的活性減弱，槽裡也漸沒了動靜，這時已能聞到酒精味，麥芽發酵液約有8%的酒精濃度，喝多了，也是會醉的。

蒸餾是從威士忌「啤酒」進化到威士忌的重要過程，波摩蒸餾室裡有兩對、四個蒸餾器，蘇格蘭威士忌多數都是二次蒸餾，三次蒸餾則是鄰近愛爾蘭威士忌的特色。在波摩酒廠裡，第一次蒸餾出來的酒，約只有22%的酒精濃度，裡頭含有其他雜質，是還沒有準備好的酒體，一直到進行第二次蒸餾，取得更純淨的蒸餾酒，這時酒精濃度高達70%。

滴 酒 不 沾 的 蒸 餾 師

我們在蒸餾室裡遇到了威利，威利是波摩的蒸餾師，已經在酒廠裡工作了四十六年，他操著濃重的口音，指著分酒器下，寫著大大兩個字Uisge—Beatha，他向我們介紹，這正是蓋爾語「生命之水」的意思。琳達透露，威利曾善盡職責每天都要喝三杯蒸餾出來的新酒，後來有一天他決定不再喝了，從此滴酒不沾。能夠喝到細緻的波摩，還真要

導覽員琳達用移液管（Valinch），
自橡木桶取出原酒品嚐。

感謝威利的犧牲奉獻。

　　釀酒是神祕的工作，蒸餾後的威士忌新酒，充其量只是帶有濃濃酒精的液體，風味不佳，等到放入橡木桶後，桶中的味道與時間交互作用，才蘊釀出令人傾倒的威士忌佳釀。「熟成」是個迷人的過程，只是現在很多酒廠的熟成酒窖，雖名為酒窖，但外觀都是冷冰冰的建築，有些甚至長得像鐵皮屋般，裡頭則靠現代科技，嚴格控制著溫度和濕度。雖然對威士忌的製造過程和量產，有更大的幫助，但實際參觀時，總覺少了些什麼。

蘇格蘭最老的酒窖

　　波摩不同，它有個傳說中的No.1 Vaults酒窖。

　　這可能是蘇格蘭最老的一個酒窖，當在強風吹襲下，倉皇地「躲」進No.1 Vaults時，像是進入了另一個世界，時間彷彿靜止了，只有無數個威士忌酒桶，在這裡靜靜地沉睡著。這個從波摩成立使用至今的酒窖，不依靠任何科技，終年能維持十七度，潮濕、寒冷、陰暗，是威士忌最佳的熟成倉庫。

　　酒窖的牆外就是大海，風浪大的時候，海浪就直接撲打在酒窖的外牆。兩百多年來，這面已成暗黑的牆面，一面滲透進海潮的氣息、一面吸收著橡木桶釋放出的「Angels' Share」，導覽員琳達還說，這道被波摩威士忌酒精及艾雷島海洋所餵養的牆面，有時會長出蘑菇來，可惜去的季節不對，沒見到這個「波摩」品種的威士忌蘑菇。

日本橡木桶將與波摩威士忌結合

　　進到這個傳奇的酒窖，怎麼能不試試波摩的滋味？現場準備了兩款原酒，一是

波摩酒窖靜謐地像另一個世界，右邊黑烏烏的牆外就是大海。

品嚐各式波摩酒款，也是參觀蒸餾廠的重點。

二〇〇〇年波本桶、一是一九九五年的雪莉桶，波本桶的顏色很淡，有著香草味，雪莉桶則像巧克力般深色，風味較豐富，帶著點太妃糖的香氣，好喝到真想裝些帶走。

離開酒窖前，意外看到了幾個長得不太一樣的橡木桶，上頭寫著Mizunara Oak。原來這是同屬三得利集團的山崎酒廠（Yamazaki）的水楢橡木桶（Mizunara Oak），山崎酒廠在一九八四年推出日本第一支單一麥芽威士忌，曾在二十五週年時，推出「山崎1984」紀念款，就是以山崎酒廠特有的水楢橡木桶原酒為主調和成的。現在這個日本水楢桶飄洋過海來到了艾雷島，琳達解釋，這還只是個「實驗」，希望這個實驗能成功。日本橡木桶跟艾雷波摩威士忌的結合，會是什麼樣的風味？真是令人期待。

相關資訊
波摩官方網站
http://www.bowmore.com/

★Tours（資訊時有變動，以官方網站為準）
http://www.bowmore.com/visit-us/

波摩酒廠導覽 Distillery Tour

10至3月，周一至周五10：30、15：00，周六10：00
4月至9月，周一至周六10：00、11：00、14：00、
15：00，周日13：00、14：00
10月至3月，周一至周五10：30、15：00，周六9：30
每人6英磅

波摩品酒會 Bowmore Tasting Session

周一至周五12：00～15：00
每人18英磅

工匠之旅 Craftman's Tour

周一至周四（需事先預訂）
每人50英磅

波摩橡木桶塞也是酒廠中買得到的紀念品。

1957年佳釀，珍藏在波摩蒸餾廠中。

正露丸風味的蒸餾廠

拉弗格

Laphroaig

Laphroaig

威士忌，生命之水！讓我們追溯至它的根源，也許舉杯喝一口，那日後陳釀為威士忌的水。

消毒藥水的嗆鼻味

拉弗格是艾雷島另一款風格強烈的酒，不熟悉它的人，會被它帶有正露丸、消毒藥水、碘酒的嗆鼻味道給嚇到，因此轉頭就對艾雷島威士忌說No。不過，也有因被它的滋味給打敗，陷入了強烈、複雜的拉弗格風格中，從此無法自拔。

不是愛它、就是敬而遠之，拉弗格沒有中間值，每個酒款都是紮紮實實的泥煤風格，它是最能代表艾雷島產區風格的蒸餾廠之一。拉弗格對自身的成績也極為驕傲，蒸餾廠旅客服務中心的一角，大大方方寫著「拉弗格是世界最棒的艾雷島麥芽威士忌！」（The World's No.1 Islay Malt Whiskey.），這樣的自信正顯示在每瓶拉弗格威士忌裡。

拉弗格蒸餾廠於一八一五年，由強斯頓（Johnston）兄弟檔成立，它也經歷過私釀酒時期，早期最著名的蒸餾廠歷史，即是創始人之一的唐諾·強斯頓（Donald Johnston）跌落酒槽裡，不幸喪命。一九二〇年代美國頒布禁酒令，對蘇格蘭威士忌是一大打擊，當時拉弗格竟以它的威士忌具醫療效果為由，獲准進入美國市場，當時把關的美國官員，不知是否被它濃濃的消毒藥水味嚇到，竟信以為真，也成為拉弗格流傳的迭事之一。

蒸餾廠幾經轉手，在一九五〇、一九六〇年代由貝西·威廉森女士（Bessie Williamson）擔任蒸餾廠廠長，這位貝西女士為蒸餾廠建立許多良好的制度，包括保留地板發芽等傳統，帶領拉弗格成為獨樹一幟的蒸餾廠，她的事蹟至今在談論到艾雷島威士忌歷史時，仍常被人津津樂道。

拉弗格蒸餾廠，另一個艾雷島酒迷必到的朝聖之地。

拉弗格對自己的品質深有信心，大大地寫在牆上。

LAPHROAIG

VISITOR
CENTRE

ESTD 1815 ESTD

LAPHROAIG

World's No 1 Islay Malt Whisky

DISTILLERY HAS PASSED FROM ... ILY AND FROM OWNER TO EMPLOYEE. EACH OWNER MADE THEIR MARK ON LAPHROAIG
...RD BESSIE WILLIAMSON ... ...ERS HAVE A SPECIAL PLACE IN OUR HISTORY, THEY EACH PLAYED A PART IN MAKING
... IT WITHOUT ... ...ORKERS WHO HAVE LIVED AND BREATHED LAPHROAIG AND MADE IT THE WORLD

Toilets

拉弗格為維護蒸餾廠風格，對威士忌製造過程小心翼翼，不只擁有自己的水源，並建立水壩保護水源地，同時也有一塊蒸餾廠專屬的泥煤田，在複雜的風味下，有著屬於自己的堅持。

　　一直以來，拉弗格10年始終是蒸餾廠最受歡迎的標準酒款。不過，拉弗格另有十年的桶裝原酒Cask Stregh，自橡木桶取出原酒，在不經冷凝過濾下，直接裝瓶，完整封存了拉弗格原始、厚重的泥煤、海洋風格。

　　另一款，四分之一小桶Quarter Cask酒款，則是我最鍾愛的拉弗格，它先經美國波本桶熟成後，再移至四分之一桶。Quarter Cask四分之一桶，顧名思義，它的體積只有一般波本橡木桶的四分之一大，因為桶子體積小、容量也少，酒液跟橡木桶有更多接觸的面積，讓橡木桶味道更快融入酒液中，往往能增添更多風味，熟成速度也更快。Quarter Cask除了拉弗格招牌的厚重煙燻感，更多了些甘甜的尾韻，也是我喜歡它的原因。

死忠粉絲查爾斯王子

　　拉弗格吸引許多死忠的擁護者，很多人一喝就愛上它，包括英國查爾斯王子（現為威爾斯親王），前後就到過蒸餾廠兩次。第一次是在一九九四年六月二十九日，他正式將代表自己的皇室章紋授予拉弗格，拉弗格也是唯一有此榮耀的威士忌蒸餾廠。查爾斯王子有多愛拉弗格？他在十四年後，二〇〇八年的六月四日，自己六十歲大壽的活動裡，二度來到拉弗格，而且這次還帶著卡蜜拉同行，有了皇室的加持，拉弗格更顯尊貴了。

拉弗格是查爾斯王子的心頭愛，牆上掛著查爾斯王子造訪時留下的影像；他特別授予拉弗格專屬的皇室章紋；和卡蜜拉都曾到過拉弗格。

拉弗格蒸餾廠經理約翰坎貝爾。

水質不同特色就不同

往拉弗格的A846道路，因為同方向還有拉加維林和雅柏這兩個蒸餾廠，在艾雷島旅行的過程中，同一條路上，來來回回不知有多少次了。但到了去拉弗格這天，還是特別興奮，因為行前先預約了「威士忌水源之旅」（Water To Whisky），網站上介紹這個參觀行程，會從威士忌的源頭——水源地，一路介紹威士忌的誕生過程，甚至還會去挖泥煤，雖然費用並不低，還是狠下心來預訂，事後證明，Water To Whisky是物超所值的行程。

老天爺給了個好天氣，儘管風吹來還是冷，但陽光很賞臉，始終暖暖地照著，所以當我們一行人，從拉弗格蒸餾廠坐著休旅車出發時，心情還滿像要去郊遊的。同行的還有一樣訂了這套行程的另外三個人，邁爾斯從加拿大來，他的太太和好友派屈克則從佛羅里達飛來，三人兩地加上從台灣來的我們，世界距離頓時縮小許多。負責幫我們導覽的是位年輕的小姐，她開著車載著我們，離開拉弗格蒸餾廠，往水源地前進。

水是威士忌製成過程裡，極重要的元素，每個蒸餾廠都有自己專屬的水源，雖然製造過程雷同，但一開始水質不同，無論酒廠距離有多近，每家做出來的威士忌特色都不同。拉弗格的水源取自基爾布

拉弗格的水源地，基爾布萊德河（Kilbride）上游，景色如畫。

萊德河（Kilbride），為了保護自家的水源，蒸餾廠把河上游的地都買下來，還造了個水壩，入口也紮紮實實做了道門。不過，攔不住進來吃草的牛和羊，導覽員也透露附近的農民會將羊和牛在這放牧，蒸餾廠並不會阻止。

彷彿知道我們是初訪拉弗格水源地，老天爺給了個很棒的天氣。天空的雲彩動人，如茵的綠草點綴著鮮黃的金雀花叢，一潭清澈的靜水，從高處往下傾洩，忍不住讚嘆，用這樣美麗的水釀出的威士忌，怎麼會不好喝？

水壩攔著一潭的水，水壩的下方，有桌子和椅子，一行人就在這裡午餐。

一路上，導覽小姐都提著一個看似頗重的保溫袋，原來裡頭裝的都是我們的午餐。這也是威士忌水源之旅迷人之處，在拉弗格的水源地野餐，多麼吸引人啊！雖然是荒郊野地，沒辦法吃什麼大菜，事先預備的餐點並不差，有牛肉、鮭角和煙燻鹿肉三種不同口味的捲餅，保溫壺裡有熱湯和咖啡，甚至還有甜點與起司，當然少不了拉弗格。

喜歡日本威士忌嗎？

導覽小姐從背包裡拎出一瓶拉弗格10年，瓶身上清楚載明，這是二月十三日裝瓶、源自編號5號桶，酒精濃度高達57.2%的桶裝原酒，這就是我們午餐的餐酒。這是一款酒體十分紮實的拉弗格，乍聞下，它有著典型的拉弗格風格，強烈的煙燻、藥水、海藻味，尾韻卻有帶點甜。

有此美酒當前，沒有人是客氣的，大家接二連三把杯子遞上去，還有什麼比在製造威士忌的水源旁，來上一杯拉弗格更有意義呢？

每個人分到了一個威士忌杯，杯子不只裝威士忌，也用威士忌杯裝了基爾布萊德河水來，大夥仔細看著這些釀造拉弗格的河水，因為流經泥煤層，水色不那麼透明純淨，有股淡淡的咖啡色。

一杯取自於拉弗格蒸餾廠水源地的水。

除了自有的水源，拉弗格也有自己的泥煤田，是少數擁有專屬泥煤田的蒸餾廠。

天氣正好，大夥就著陽光和威士忌聊了起來，也許看我們是東方臉孔，同團的酒客們，主動問起我們喜歡日本威士忌嗎？稱讚山崎（Yamazaki）是好酒，我也覺山崎不錯，但更愛余市（Yoichi），一聽到余市，從佛羅里達飛來的兩人異口同聲說讚，七嘴八舌就討論起來，擁有共同的話題，距離一下就拉近了。

在艾雷島大自然的環繞下，用完美味的午餐，一行人轉移陣地，坐著車往機場的方向移動，拉弗格自家的泥煤田，就位在機場附近。

下場體驗挖泥煤

泥煤是艾雷島威士忌獨特風味的重要元素，尤其拉弗格的泥煤風味之重在艾雷島也算數一數二，能夠走一趟造就拉弗格煙燻特色的泥煤地，想來就令人興奮。

出發前，大家就已在蒸餾廠裡選了合適尺寸的塑膠長靴，為的就是要「涉入」泥煤田，親手體驗挖泥煤的樂趣。不過，真的進入了拉弗格自有的泥煤田後，其實沒有想像中的泥濘，本擔心積蘊了各式植物、礦物，富含有機生命的土地，可能會如同沼澤般，實際走上去，地面只有略略的濕潤，沒有想像中的爛泥，不過踩在上頭，感覺像是還未成形的土地，泥煤地像海綿般，吸收了大地的精華，很有彈性，有點像走在彈簧床上。

簡單地示範了該如何挖泥煤後，每個人都下場親自體驗。挖泥煤有專用的鏟子，最前端已設計成一長條狀，基本上只要以正確的角度，將泥煤鏟插入，就能得到一塊長形方正的泥煤磚了。坦白說，泥煤層軟鬆，將鏟子插下並不困難，較難的是要用點力氣，才能將泥煤「完好無缺」的由下移到地面上。

在泥煤田裡，喝上一杯重泥煤風味的拉弗格，真是艾雷島之旅的經典。

唯一手切泥煤的蒸餾廠

拉弗格是艾雷島上，唯一全數使用「手切」泥煤的蒸餾廠，同是泥煤，手工挖和機器挖的使用起來略有不同。機器所採的泥煤比較乾燥，相形下，手切的泥煤較為濕潤，使用起來煙霧重，煙燻味也更濃，這也是拉弗格為何泥煤味特別豐富的原因之一。

在拉弗格的泥煤田裡，當然也要品嚐一下威士忌，這次從導覽員小姐包包裡拿出來的是Triple Wood。這款Triple Wood經歷了三段過程，先在波本桶裡熟成，接著移到四分之一小桶Quarter Cask，最後再過雪莉桶，總共經過三種不同的橡木桶，過桶熟成增加層次，所以叫「Triple Wood」，最後以非冷凝過濾方式裝瓶。

Triple Wood較Quarter Cask多了一道程序，最後經過雪莉酒桶，較Quarter Cask多了些雪莉桶的甜，兩者一樣都非冷凝過濾，酒精濃度一樣都設定在48%。

站在空曠的泥煤田，風陣陣吹來，即使太陽仍在，還是有點寒意，原本已經脫掉的外套，全部都穿上了，這時能有一杯拉弗格Triple Wood喝，真是一大享受，動手挖泥煤前，先來上一杯再說吧！

戶外行程結束，回到蒸餾廠裡，拉弗格是少數仍維持地板發芽傳統的蒸餾廠，翻麥師不在，只好由導覽小姐做個樣子。介紹糖化和發酵過程時，從發酵槽裡取了些酒汁，特別讓大家試一試，可惜喝起來像煙燻口味的啤酒，實在不怎麼可口，每個人都淺嚐一點，就把剩餘的酒汁倒了。

品嚐拉弗格的原酒

「好酒沉甕底」，整個導覽最令人期待，就是品嚐拉弗格的原酒。我們進到拉弗格的熟成庫房裡，有三桶原酒已躺在地上等著，各為酒桶編號129的二〇〇五

已經略微發芽的麥子,準備要進
烘乾窯了。

地板發芽耗時又費力,艾雷島只
剩拉弗格和波摩兩家蒸餾廠仍堅
持此傳統。

一字排開的蒸餾器,十分壯觀。

年、酒桶編號3798的二〇〇二年、酒桶編號635的一九九八年三款原酒。這三桶原酒，昨天才剛從熟成倉庫中搬出來，要喝得先把桶塞取下，出乎意料，橡木桶塞可不是用拔的，得用木槌敲塞子旁，利用木桶震動，將桶塞震上來。

「虎視眈眈」不是太好的形容詞，不過，真的很想趕快喝到這三桶原酒。按照先後順序，當然先從年輕的二〇〇五年開始喝起。二〇〇五年是八年的原酒（當年為2013年算），強勁而年輕，艾雷泥煤味撲鼻而來，還有著波本桶特有的香草味（Vanilla），酒精濃度為58.8%。二〇〇二年則充滿拉弗格的風格，非常的「藥水味」，十一年正是威士忌逐漸成熟之際，也逐漸達適飲的時間，這款二〇〇二年尾韻也帶些拉弗格特有的「鹹味」，酒精濃度為58.2%。一九九八年這支十五年的原酒，則融入更多複雜的香氣，有香草、黑胡椒、拉弗格著名的煙燻味，也顯得柔和，最後帶一點甘草味，是三支原酒裡，最喜愛的一款。因為陳年十五載，雖是桶裝原酒，酒精濃度已隨著年份的增加，遞減至53.4%。

珍貴的紀念禮物

拉弗格送給每個參加威士忌水源之旅的酒客們，一項珍貴的紀念禮物，在嚐完原酒後，可以挑選一款最喜歡的，裝在特製的小瓶子裡，帶回家繼續回味。雖然容量並不大，只是一小瓶原酒，但能夠體驗親自從橡木桶裡把酒取出，親手寫上裝瓶日期、桶子編號，這些都是難得又難得的經驗。擔心原酒在橡木桶待久後有雜質，拉弗格還準備了濾紙，從桶子中取出酒後，先以濾紙和漏斗在量杯裡濾去雜質，再裝入小瓶中。拉弗格也詳細記錄了每一桶原酒，裝瓶者的名字、國籍，最後把這瓶手工裝瓶的拉弗格和品飲杯，慎重地以禮盒裝起，成了這趟拉弗格威士忌水源之旅美好又珍貴的有形紀念。

等著被填滿新酒的橡木桶。

拉弗格的酒窖有濃濃的歷史感。

相關資訊

拉弗格官方網站

http://www.laphroaig.com/

★Tours（資訊時有變動，以官方網站為準）

http://www.laphroaig.com/distillery/visiting.aspx

拉弗格酒廠導覽 Distillery Tours

1月至2月，周一至周五11：30、14：00

3月至10月，周一至周10：30、14：00、15：30

11月至12月，周一至周日10：00、14：00

每人6英磅

拉弗格風味之旅 Flavour Tasting

3月至10月，周一至周日11：45

11月至12月，周一至周五11：45

每人14英磅

品酩之旅 Premium Tasting

3月至12月，周一至周日15：15

1月至2月，周一至周五15：15

每人25英磅

威士忌蒸餾之旅 Distillers Wares

3月至12月，周一至周日10：00

1月至2月，周一至周五10:00

每人52英磅

威士忌水源之旅 Water To Whisky Experience

3月至9月，周一至周五12：00

每人82英磅

參加「威士忌水源之旅」行程，
最後可挑選一款最愛的原酒，親
自裝瓶帶回家。

堅忍掌舵的老船長
布納哈本
Bunnahabhain

Bunnahabhain

布納哈本是艾雷島最北邊的蒸餾廠，它位在一個遺世獨立的角落，只有一條曲折蜿蜒的道路能抵達。蒸餾廠的酒標是個遙望遠方、堅忍掌舵的老船長；布納哈本也像個堅守崗位的船長般，多年來，始終據守在艾雷島北方的海灣裡。

亮閃閃金雀花

那天真的是一路頂著風前進，偏偏選在天氣最不好的一天，探訪最遙遠的蒸餾廠，一路上風又大又冷、忽晴忽雨，沿途罕見人煙，車子一會兒爬坡一會兒下坡，心裡也跟著忐忑不安，老想著到了沒？會不會錯過？一直到在彎曲的小路旁，見到熟悉的橡木桶，上頭寫著還有二分之一英里就到布納哈本，一顆心才定下來。

其實是先看到吉拉島的，在一個轉彎後，路旁滿滿是黃色的金雀花夾道，遠遠看見有些荒涼的吉拉島，然後才見到灰色的建築群，布納哈本到了。剛剛還一片陰霾的天空，此時突然放晴，陽光照射在金雀花上，亮閃閃。

不像其他的蒸餾廠，總是光鮮亮麗地迎接著遠道而來的客人，布納哈本外表像是威士忌工廠，灰撲撲的建築外觀，在這個多風的日子，感覺有些淒涼。本以為路途遙遠，威士忌嘉年華又還沒開始，觀光客應該不多，僥倖想著只要在參觀行程開始前到就可以了，誰知一踏進訪客中心時，整屋滿滿都是人，我們像是不速之客般，擠不進早就預約額滿的參觀行程裡，幸好兩個鐘頭後，還有另一梯次，導覽小姐指示我們進到廠區二樓的辦公室裡登記，這次乖乖地照辦。

推開斑駁的木門，走進二樓，只有一間辦公室大門敞開，裡頭有個人埋首講電話，用手勢請我們等一等，這個人就是酒廠的靈魂人物，經理安德魯・布朗（Andrew Brown）。登記好我們的名字，離下一次導覽還有兩個鐘頭，他二話不說，拿鑰匙打開商店接待區的大門，馬上就倒了杯布納哈本，讓我們祛祛寒。不過，祛寒是我自己的感受，這樣的天氣對艾雷島人來說，應該早就見怪不怪了。

往布納哈本沿途，可見到橡木桶做成的指標。

布納哈本的招牌高崛在岩石上。

非冷凝過濾

安德魯先倒了標準的布納哈本12年,從基本款開始。布納哈本12年是蒸餾廠的入門酒款,很多人是從村上春樹的書裡認識這支酒的。也曾經到過艾雷島的村上春樹,在他文字、夫人攝影的《如果我們的語言是威士忌》書裡,曾經形容,「纖細指尖滑過黯淡光線縫隙所到達的,彼得塞爾金的郭德堡變奏曲,那樣寧靜安詳的良宵,一個人靜靜的,會想喝飄著淡淡花束香氣的布奈哈文」,在專譯村上著作的賴明珠女士筆下的布奈哈文就是布納哈本。

不少人受了村上文字吸引,也想體會書中那「飄著淡淡花束香氣」的威士忌,不過那時村上春樹喝的布納哈本,跟現在的布納哈本,已不是同一款了。因為布納哈本在二〇一一年將旗下所有的威士忌酒款,全數改採非冷凝過濾(Non Chill Filtered),村上春樹當年喝的是冷凝過濾款,兩者風味已略有差異。

近年「非冷凝過濾」已成為威士忌的「主流」,過去為了讓賣相好看,一般威士忌都是「冷凝過濾」(Chill-Filter)。因為若遇到四度以下的低溫,酒液會因其中的酯類凝固,而產生霧狀混濁,偏偏很多人喝威士忌習慣加上冰塊,為了讓酒色不因加了冰塊後降溫而變化,蒸餾廠在裝瓶前,會將酒降溫到四度以下,過濾掉會產生凝結的雜質,稱為冷凝過濾。

只是在酒質變清澈的同時,也濾掉了許多組成威士忌風味的元素,近年多倡導保持酒的「原味」,因此有愈來愈多的蒸餾廠採非冷凝過濾,忠實保留威士忌的所有風味。

布納哈本所有酒款都採非冷凝過濾後,12年的酒精濃度從過去冷凝過濾的40%,增加為46%,兩者有沒有差異?到底是冷凝過濾好、還是非冷凝過濾佳?答案恐怕每個人都不同。

海邊放著棄置的布納哈本橡木桶,隔著艾雷海峽,與另一端的吉拉島遙遙相望。

蒸餾廠外堆滿了橡木桶。

重泥煤Toiteach

布納哈本一向是艾雷島泥煤味較淡的代表，蒸餾廠的水源來自於瑪加岱爾河（Margadale），因未流經泥煤層，讓布納哈本先天體質不同，是艾雷島上「輕泥煤型」的威士忌。

不過，他可不是只有一種風格，喝完12年，安德魯接著讓我們嚐嚐沒試過的Toiteach。

Toiteach這個字在蓋爾語是煙燻味（Somky）的意思，顧名思義，是款重泥煤的酒。安德魯解釋，標準款12年的泥煤值含量只有1ppm，Toiteach則高達20ppm，是布納哈本少見泥煤味較重的酒款。

剛開始，杯子裡的Toiteach有明顯的煙燻風味，但喝了一口後，泥煤味並不如預期的重，反而有股雪莉桶慣有的甜，夾雜些胡椒味，是款很特殊的布納哈本。

正當埋首品嚐布納哈本時，一對看來是常客的夫妻，熟門熟路地自己進來，親切地跟安德魯打招呼，還主動透露，到二〇一三年十二月，安德魯就已在布納哈本工作滿二十五年了，他笑笑有些不好意思，知道我們是從台灣來的，安德魯還特別往口袋裡翻一翻，找出一張中文名片，告訴我們上週才有幾個台灣公司代表，也到蒸餾廠來。

以蒸餾廠為家

布納哈本是個不停歇的蒸餾廠，到處都是轟隆隆的聲響，加上外頭強大的風聲，每個人都扯著嗓子講話。不只有著艾雷島上最大的糖化槽，布納哈本的蒸餾器是很別致的洋蔥型。留著性格鬍子、手上有著酷酷刺青的蒸餾師羅賓（Robin），轉眼已經在布納哈本工作了三十七年，他在酒廠的日子，比許多人的一輩子還長。

氣候不佳，在布納哈本感覺特別蕭瑟。

酒迷心中的夢幻逸品，40年的布納哈本。

酒廠經理安德魯親自介紹布納哈本威士忌。

威士忌是艾雷島的命脈產業，屢屢遇到一輩子以蒸餾廠為家的艾雷人。他們可能只做過這一個工作，從年輕時進蒸餾廠，經歷過不同職位，跟著酒廠的品牌一起成長，一塊體會艾雷島威士忌的光榮與興衰。威士忌是「生命之水」，對這些與蒸餾廠共存共生的艾雷人而言，「生命之水」應有更深一層的意義，他們投注畢生心血，成就代表艾雷島的產業，難怪一講起艾雷島威士忌，這些Ileachs（艾雷人），臉上就有藏不住的驕傲。

二樓辦公室和接待處的入口，木門窗玻璃上寫著一八八一，這正是布納哈本成立的那一年，當初特別選在水源瑪加岱爾河口附近建廠，在蓋爾語中，「Bunnahabhain」即為河口之意。

血統純正的艾雷島混合麥芽威士忌

布納哈本是艾雷島上另一個堅持傳統的蒸餾廠，看不到太多現代化的痕跡，多年來，孤立在北方的海灣中。過去酒廠外的碼頭，肩負著將原料物資運入，將布納哈本威士忌輸出的重要使命，但現在這個碼頭已經停用，布納哈本不再靠船運，都走陸路運輸，但碼頭偶爾還是提供島上捕龍蝦的漁夫們使用。

布納哈本除了自己的單一麥芽威士忌，同樣隸屬於酒業英商邦史都華旗下，還有另一支難得的艾雷島混合麥芽威士忌黑樽（Black Bottle）。市面上混合麥芽威士忌品牌眾多，黑樽獨特之處在於，它只混合艾雷島上的蒸餾廠，是支血統純正的艾雷島混合麥芽威士忌。因綜合了艾雷島不同蒸餾廠的特色，常見到黑樽被拿來當成調酒的基酒用，一直覺得有沒有更好的品嚐方式？看到布納哈本的架上就擺著黑樽，趁著難得的機會詢問了安德魯，喜歡怎麼喝黑樽？他還沒回答，一旁的導覽小姐就搶先一步說，他最喜歡加上薑汁汽水（Ginger Ale）。

布納哈本未引用電腦，至今仍維持傳統的計量方式。

尤其在夏天，黑樽與薑汁汽水的組合，是最棒的解渴飲料。聽得我也很想嘗試，問了我下榻在那間旅館，擔心我搞錯，他們還特別寫下來，果然沒多久，我就在旅館的餐廳裡，喝到了這絕妙的組合，連點餐的小姐都認同地大讚，「這真的很好喝！」

艾雷島的「地下國歌」

和艾雷島南向面海的蒸餾廠不同，布納哈本北迎的是更險峻的氣候和地形，過去遠航的船員們，遠遠看到艾雷島，見到布納哈本酒廠，就知道他們離家不遠了，布納哈本在艾雷人、甚至蘇格蘭人心中，都是家鄉的象徵。有一首「Westering Home」（西向返家）的民謠，唱出遊子們歸鄉似箭的心情，這首歌也被視為艾雷島的「地下國歌」。下次品嚐布納哈本時，別太快把包裝丟掉，急著開瓶的同時，別忘了把包裝桶裡的小冊子拿出來讀一讀，正面是布納哈本熟悉的老船長，反過來則繪有人們朝思暮想的故鄉土地，冊尾還寫著「Westering Home」歌詞，一邊品嚐著布納哈本、一邊想像那遠航的老船長遙望著艾雷島土地的心情，威士忌喝來彷彿也有那北國海風的滋味。

布納哈本有自己的碼頭，過去走海路運酒，現在已經改由陸路運輸了。

Westering Home

And it's westering home, and a song in the air,

Light in the eye, and it's goodbye to care.

Laughter o' love, and a welcoming there,

Isle of my heart, my own one.

Tell me o' lands o' the Orient gay,

Speak o' the riches and joys o' Cathay;

Eh, but it's grand to be wakin' ilk day

To find yourself nearer to Isla.

Where are the folk like the folk o' the west?

Canty, and couthy, and kindly, the best.

There I would hie me and there I would rest

At hame wi' my ain folk in Isla.

西向返家

我那西方的故鄉，空氣中飄揚著歌聲

人們眼裡閃著光、心裡有著愛

那裡總是充滿笑聲和溫暖

這個小島，是我心之所屬和唯一的家

告訴我東方的故事

告訴我那些在中國致富的事

一艘小船停泊在布納哈本的遊客
中心裡。

一桶桶布納哈本威士忌。

但我每天醒來卻發現

自己愈來愈靠近艾雷島

沒有人像我西方故鄉的親友

那麼開朗、純樸又仁慈

他們永遠是最好的

我想要歇息了

回到我那艾雷島的家

相關資訊

布納哈本Bunnahabhain官方網站

http://www.bunnahabhain.com/

★**Tours**（資訊時有變動，以官方網站為準）

http://bunnahabhain.com/the-distillery/distillery-tours

※以下皆採預約制，可上布納哈本官網預約。

酒廠導覽Standard Tour

每人6英磅

兩杯品酒行Dram Tour

每人9英磅

四杯品酒行Tasting Tour

每人20英磅

酒廠經理導覽Manager's Tour

每人40英磅

酒標上的老船長在布納哈本可是
彩色版的。

擁有死硬粉絲的死硬派

拉加維林

Lagavulin

Lagavulin

拉加維林位在艾雷島東南方，夾在拉弗格和雅柏兩座酒廠中間，它也是間重泥煤味的蒸餾廠，只是不如拉弗格和雅柏般是耀眼的明星，多年來，始終悄悄地綻放光芒。

酒款不多，評價不錯

拉加維林隸屬於酒業集團帝亞吉歐（Diageo），它的酒款一向不多，但評價一直不錯，在死忠艾雷島迷心中，更是「硬派」的內行選擇。聽到有人推薦雅柏或拉弗格不稀奇，如果對方力薦的是拉加維林，那骨子裡鐵定就是擁護泥煤的死忠份子。不過，出人意料的是，喝起來這麼陽剛、男性化的威士忌，蒸餾廠裡主其事的卻是位女性。

拉加維林的蒸餾廠經理喬治雅（Georgie Crawford），是位看起來精明俐落的中年女子，威士忌是個很陽剛的產業，鮮少看到女性主管階級，酒廠經理更幾乎清一色都是男性，拉加維林也算是個大廠，喬治雅從二〇一〇年接掌，是少數的女性蒸餾廠經理。不過到拉加維林時，未有機會遇見喬治雅，反而是到了同集團的另一蒸餾廠卡爾里拉（Caol Ila）的品酒會，才見到這位女經理。

一八一六年成立的拉加維林，最早是由十餘間非法的私釀酒商聯手組成的，風格過於強烈的艾雷島威士忌，曾經有過一段不怎麼受歡迎的苦日子，拉加維林也不例外。

蒸餾廠緊鄰著海洋，站在岸邊就能看到清澈海水中，載浮載沉的海藻，拉加維林生產的威士忌，帶有極強的海藻、海洋、煙燻風味，這樣的風格在一九九〇年代前，是很不討喜的。

就像當時許多艾雷島威士忌蒸餾廠一樣，拉加維林也曾有過一週只蒸餾兩天的日子，大量減產的影響下，讓酒廠陳年的酒款一度缺貨。尤其是備受好評的16年，

天氣好時，平靜的海水襯著拉加維林。

清澈的海水裡漂浮著海藻，一般認為艾雷島威士忌略帶油質的特殊風味，就是來自海藻。

畢竟威士忌得紮紮實實在橡木桶中熟陳，是個需要歲月累積的產業，無法一蹴即成，當年有過空窗期，就得面臨無酒可賣的窘境。

幸好，庫存是可以逐漸增加的，拉加維林的生產量逐漸趕上了市場的需求量，它不算是艾雷島威士忌的「主流款」，這反而增加了在酒迷心中的份量。這點從到蒸餾廠的訪客就看得出來，不少外表都像個硬漢，甚至還看到了幾個龐客族，十分符合我心目中拉加維林的風格。

可愛的伊恩老先生

拉加維林給了我一場很特別的品飲經驗，出發前就預訂了在酒窖的品酒會，帶領大家品酩的可是位老拉加維林人。

伊恩（Iain McArthur）是位很可愛的老先生，圓圓的個頭，有著酒桶般的身材，他介紹時笑稱，自己的體積跟最大的雪莉酒桶差不多。一眨眼，伊恩先生已經在拉加維林蒸餾廠工作超過四十三年，還有誰比他更適合帶著大家一起品嚐拉加維林？

誰說一大早不是喝酒的好時機，其實上午的精神最好、嗅覺最靈敏、味覺最乾淨，反而是品酒的好時機。拉加維林酒窖品酒就開始於上午十點，一群壯年男子魚貫地進入Warehouse，二十多人中，只有兩位女性，其餘全是有點年紀的熟男。

陽盛陰衰的場面，也透露了蒸餾廠的風格。

首先從伊恩老先生口中的「Baby Lagavulin」開始，二〇〇四年的原酒，使用的是容量最小、熟成時間也最短的橡木桶，因為只在酒窖裡待了九年，還很年輕，被他膩稱為「Baby Lagavulin」。使用移液管（Valinch）將酒自酒桶取出後，當場測得酒精濃度為57.3%，因為還很年輕，酒很強勁，帶點香草和巧克力味。有人起哄喊著要伊恩乾杯，老神在在的他可不上當，直說自己一天下來得喝不少杯，說完不客氣，把只喝一口的原酒倒到地上。

拉加維林的資深釀酒師伊恩，帶
領大家品嚐原酒，他說唱俱佳，
逗得大家開心又有好酒喝。

參加品酒行程的許多遊客，看來
都是老拉加維林迷。

把酒叫醒，讓味道出來

接著上場的是一九九八年雪莉桶，因為酒在桶子裡沉睡了許多年，伊恩提醒大家，「不要害羞搖晃你的杯子，得把酒叫醒，讓味道能出來！」

品嚐的第三款拉加維林，熟成長達二十年的雪莉桶原酒，是不折不扣的「Lady Dram」。為什麼叫「Lady Dram」？顧名思義，就是喝起來就如女士般甜美。既然是「Lady Dram」，當然得出動美麗的小姐，席間的長髮女孩，欣然接受邀請，幫大家把酒從桶裡取出來。取酒的方式有些技巧，得先用嘴巴從移液管的上端，用最大的肺活量，將原酒從酒桶裡吸上來，接著將大姆指按住上端吹氣孔，等移液管移到裝酒的大玻璃試管瓶上方時，再將拇指移開，此時空氣進入，酒液就順利倒入玻璃瓶了。

現場有約二十多人，除非肺活量驚人，否則都得重複個三、四次，才能取得足夠的酒量，長髮小姐替大家取完酒後，伊恩還笑著問她，你有沒有喝到一點？她點點頭說，有，很好喝。看著試管裡的二十年原酒，伊恩忍不住讚歎，「好漂亮的酒色，好香！這真是一款美好的酒。」真的只有愛酒人，才會看著試管瓶，深有所感地稱讚酒美麗。

三十一年的拉加維林

接著重頭戲來了。早上的品酒會，年份最高的就是這桶一九八二年，由波本桶重新裝填的三十一年原酒。「今天是特別的日子，大老遠來拉加維林，我必須讓你們帶著特別的回憶離去。」手上拿著這款珍貴的原酒，面對著所有殷切期盼的面孔，伊恩強調，「你們不是每天都能喝到這樣的酒，我要讓你們回去能驕傲地對朋友說，我喝到了三十一年的拉加維林。」

拉加維林在艾雷島威士忌嘉年華期間，也舉辦屬於自己的爵士音樂節。

每個人如領聖水般，小心翼翼地捧著酒杯，看著杯子裡的拉加維林，三十一年是漫長的歲月，珍貴地喝上一口，如同伊恩所說，這真是好喝！充滿豐富的滋味。

　　不要害羞、沒有標準答案，你覺得像什麼就是什麼，伊恩鼓勵大家說出感想，有人覺得喝到了點鳳梨的味道，也有人覺得像椰子，更有人認為木質（Woody）香氣十足。「很高興你們在喝了四杯後，話終於多了些。」伊恩調侃著，引來大夥哄堂大笑，他繼續開玩笑，指著某個酒客說，喝這麼好的酒，可是我看你的表情沒有很享受。他接著問，誰是第一次來艾雷島？瀏覽著每個面孔，「你第一次來，你不是、我看過你……」，有人坦承這是自己第二次來，還有人說已經來過八次了。

可以再喝一杯嗎？

　　有了三十一年的珍釀催化，現場氣氛熱絡了起來，可惜品酒會也告一段落，最後伊恩再問一次，有沒有問題？有人馬上提問，「可以再喝一杯嗎？」真是說出所有人的心聲。臨走時，大夥依依不捨跟這位老拉加維林人道別，有個身強力壯的男子，更調皮地把伊恩整個人扛到肩上，試試跟雪莉桶塊頭一樣的他，到底有多重。

酒迷們排隊等著買嘉年華限量酒。

139

拉加維林面對著海洋，陽光暖暖地曬著，岸邊不少人坐在草地上，享受威士忌、也享受一日的悠閒。蒸餾廠旁有個美麗的碼頭，海浪緩緩地拍打著，清澈的海水中，清楚可見海藻漂浮著。熟成的庫房就緊鄰著大片海洋，海風中的鹽分和海藻中的油質，都一一成為拉加維林的風味。製桶師們不厭其煩，一再重複示範著製桶的過程，蒸餾廠大方讓所有人免費暢飲16年拉加維林，賣著海鮮、熟食的小吃攤也已就緒，門口還是有著長長的人龍，排隊買著拉加維林的艾雷島威士忌嘉年華限量酒，一群刺青客穿著傳統蘇格蘭裙閒聊著，狗狗在旁邊悠哉晃著，美好的一天才正要開始！

相關資訊
拉加維林lagavulin官方網站

http://www.discovering-distilleries.com/lagavulin/

★**Tours**（資訊時有變動，以官方網站為準）
http://www.discovering-distilleries.com/lagavulin/tours.php

拉加維林酒廠導覽Distillery Tour
11月至2月，周一至周五 11:30、13:30 周六 10:30、13:30
3月，周一至周五 11:30、13:30 周六、周日 10:30 13:30
4月至5月，周一至周日 9:30、11:30、15:30
6月至8月，周一至周日 9:30、11:30、14:30、15:30
9月至10月，周一至周日 9:30、11:30、15:30
每人6英磅

品酩之旅Premium Tasting
11月至3月，周一至周五14：30，周六11：30、14：30
3月至10月，周一至周五13：30，周六、周日10：30、13：30
每人18英磅

酒窖品酒會Warehouse Demonstration
周一至周五10：30
每人18英磅

刺青加上蘇格蘭裙，陽剛的拉加
維林吸引了一群有「龐客風」的
酒客前來。

嘉年華期間，蒸餾廠大方擺出各
式酒款，一杯杯的拉加維林，提
供民眾免費試飲。

CAOL ILA

卡爾里拉
Caol Ila

25年的雪莉桶原酒

Caol Ila

Caol Ila（卡爾里拉）在蓋爾語中，指的是介於艾雷島和吉拉島間的艾雷海峽，當我們一路往北開時，吉拉島的山峰就在前方，卡爾里拉和吉拉島也隔著海峽互相望著。

艾雷島產量最大的一家

卡爾里拉蒸餾廠成立於一八四六年，和布納哈本都位於艾雷島的北方海邊，它的水源來自於蒸餾廠後方的南蠻湖（Loch Nam Ban），是富含礦物質、鹽分的泥煤湖水。

在威士忌產業裡，有些蒸餾廠追求的是手工般、限量創意款，有些則以產量取勝，卡爾里拉肯定是後者。

卡爾里拉是艾雷島八個蒸餾廠中，產量最大的一家，一年平均產量高達七百萬公升，即使跟蘇格蘭其他威士忌廠相比，也是傲人的多產。站在蒸餾廠外，透過大玻璃窗，遠遠就能瞧見卡爾里拉的六個大蒸餾器，很有氣勢地一字排開，這些背對著海洋的蒸餾器，極有效率地替酒廠生產出一批批充滿海潮風味的威士忌。

多數原酒都提供其他酒廠做調和威士忌（Blended Whisky）用，尤其是「約翰走路」（Johnny Walker），很多人喜歡約翰走路的那股獨特煙燻風味，就是來自於卡爾里拉。許多調和式威士忌品牌，都仰賴泥煤味威士忌原酒來豐富口感滋味，所以卡爾里拉源源不絕地生產，好供應給這些調和威士忌大廠。

雖然是艾雷島產量最大的蒸餾廠，但因主攻的並不是單一麥芽酒款，卡爾里拉的單一麥芽酒款很少，整個蒸餾廠提供給調合威士忌與自行生產單一麥芽威士忌的比例，大約是90%和10%！也就是說，卡爾里拉只有一成左右的原酒，拿來做自家品牌的單一麥芽酒款，其他全拿去製造他牌的調合威士忌。

這些用來烙印在桶子上的數字，陪著蒸餾廠度過不知多少年月。

從落地窗外，清楚看見卡爾里拉巨大的蒸餾器。

1846年成立的卡爾里拉，是艾雷島產量最大的蒸餾廠。

不過，偶爾尋獲它不同於標準年份的酒款，總是能帶給人驚喜。其實在艾雷島裡，卡爾里拉的泥煤味算細緻，不若拉加維林般強勁，也許就是如此，它才能成為調和威士忌重要的原酒供應商，能輕易地與其他品牌的單一麥芽威士忌融合，創造出新的風味。

拉加維林的兄弟廠

卡爾里拉和拉加維林都屬帝亞吉歐集團，一早預約嘉年華期間才有的品酒行程（Maturation Experiences），帶領大家品嚐的是上回在拉加維林逗得所有人都很開心的伊恩，另一位則是拉加維林的經理喬治雅，兩位都是拉加維林人，忙完了自家的開幕日活動後特別還來支援，可見同一集團的兩蒸餾廠，平時應該是交流頻繁。

這次的品酒一路都由喬治雅主導，伊恩老先生成了倒酒「小弟」，品酒的地點不在酒窖裡，而是在一個類似展示間的場地，旁邊擺了不少酒廠的老古董，容納的人數也比拉加維林多了許多，現場約有四十多人，一共準備了四款不同的卡爾里拉供大家品酩，其中包括新酒和艾雷島威士忌嘉年華限量酒。卡爾里拉產量雖大，但單一麥芽非主攻商品，市面上的酒款並不多見，能趁著品酒行程，一股作氣補足卡爾里拉的品飲經驗，是難得的收獲。

未入桶的新酒

順序當然是從新酒開始，這是經過二次蒸餾的卡爾里拉，因為還未進橡木桶，呈現無色的透明液體，不過拿近一聞，嗆鼻的酒精味迎面而來。這樣未入桶陳年的威士忌新酒，酒精濃度介於70%到75%之間，非常的強勁，細聞可以聞到些泥煤味。喬治雅提醒可以加些礦泉水，藉由水帶出新酒的香氣來，果然兌些水後，大麥

喬治雅（左）是少見的女性酒廠
經理人，在她帶領下，參加品酒
之旅的酒客都喝得盡興。

伊恩也再次到卡爾里拉帶著大家
品酒。他笑說自己的身材跟面前
的橡木桶差不多。他直接自身後
的橡木桶中取出原酒，再用酒精
儀當場測量新酒的酒精濃度。

的香氣漸漸出來。

這樣高酒精濃度的新酒，可不是喝好玩的，試了一口，實在太烈了，喝起來很像渣釀白蘭地Grappa，不是太好喝，剩下的就把它倒掉了。

抱著感恩的心品嚐

第二款是七年的原酒，取自重新裝填（Refill）的美國波本酒桶，酒精濃度為61.5%。帶著明顯波本桶的香味，撲鼻而來的香草、椰子、也許還有一點蜂蜜味。

伊恩將酒自酒桶取出，放在玻璃製的倒酒瓶時，總會搖晃它一下，喚醒這些在桶中沉睡多時的酒。酒精濃度愈高，酒液流下的速度愈慢；反之，酒精濃度愈低，酒液流下的速度愈快。

接下來是重頭戲，二十五年的雪莉桶原酒。

伊恩透露，這桶酒有個漫長的旅程。它原本被放在帝亞吉歐旗下另一個蒸餾廠皇家藍勛（Royal Lochnagar）裡，專門用來培訓將出任帝亞吉歐品牌大使的人。現在它有了全新的任務，要讓我們這些來參加艾雷島威士忌嘉年華的幸運兒，帶著難忘的回憶歸去。

深如黑巧克力般的顏色，濃濃的雪莉桶味，這款二十五年原酒酒精濃度為54.6%，雖然煙燻味已隨歲月而淡去，但仍是充滿豐富風味。伊恩邊倒邊稱讚，這真是個好酒啊！也不忘再提醒大家，「我現在倒在你們杯子裡的酒，外面Pub一杯就要賣二十五英磅。」大家都知道啊！我們可是抱著感恩的心情，小心翼翼地品嚐手中的這杯珍釀。

每個人都以期待的眼神望著這難得、珍貴的原酒。

在蒸餾廠內品嚐一杯甫取自橡木桶的陳年原酒，是許多酒客們心中的夢想。

待品嚐的不同年份珍貴原酒，連同陳年的橡木桶一併陳列著。

獨一無二的小樣品酒

　　這就是在艾雷島威士忌嘉年華造訪蒸餾廠的好處，能夠喝到珍稀的威士忌酒款，也就是衝著這個，才千里迢迢來參加。品酒會上，有兩名哈雷重機打扮的彪形大漢，全身皮衣皮褲，從頭到尾正襟危坐、沉默寡言。別看他們外表粗獷，可是有顆細膩的心。一大早十點就開始喝動輒五、六十度的威士忌原酒，酒量再好的人，也會受不了，尤其味覺會疲憊，當有二十五年的原酒擺在面前，就會覺得十五年的不稀奇，但若是平時，十五年的原酒也是佳品，特別是卡爾里拉這樣特殊酒款難求的蒸餾廠。於是就見到這兩位哈雷漢子，從包包裡拿出體積跟他們不成比例的迷你瓶、迷你漏斗和迷你標籤紙，每當倒一款不同的酒，他們淺嚐一口後，就把剩餘的酒經由迷你漏斗倒入迷你瓶中，再仔細於標籤貼紙上寫下年份、酒精濃度、蒸餾廠名稱，就成了一瓶獨一無二的小樣品酒，可以帶回去細細品嚐。真是太聰明了，不像我沒喝完的，都倒到地上了，太浪費。

　　最後，喬治雅和伊恩讓大家試喝今年威士忌嘉年華限量款，她體貼地說，「我並沒有要催大家的意思……」她在每個人杯中都倒了一些，讓大家可以慢慢喝，隨意端著酒杯，到蒸餾廠四處參觀。伊恩則說了句發人深省的話，「我們生無帶來、死無帶去，要好好享受！」贏得所有人一致的掌聲。

沒有國度的世界

　　海邊的堤岸旁，看到有七、八個身著鮮黃色Polo衫的男子，對著一字排開的卡爾里拉酒杯和一瓶嘉年華限量的酒瓶，不是就著光細看它的色澤，要不就拿著相機或手機猛拍，忍不住好奇問他們，究竟在做什麼？「這是一種儀式。」有人神祕兮兮的告訴我。

製桶師傅在艾雷島威士忌嘉年華期間十分忙碌，兩位製桶師一起示範。

開幕日，卡爾里拉小小的商店裡擠滿了人。

其實，這七、八個大男人，是從瑞典來的艾雷島威士忌嘉年華團，每個看來都是識途老馬，有人已來過三、四次，還有個人跟我說，他不知來了第十二、還是第十三次，幾乎年年報到，「我知道很蠢！」他不好意思笑笑地說。這就是艾雷島威士忌的魅力！

他們用了「瑞典黃」替自己訂做了艾雷島威士忌嘉年華的制服，這身衣服實在太顯眼了，後來到很多地方，都先被衣服所吸引，才發現大家又碰面了。知道我們從台灣來，他們稱讚「葛瑪蘭威士忌」很棒，於是大夥就在卡爾里拉蒸餾廠的海岸邊，喝著艾雷島嘉年華限量版威士忌，聊著台灣的威士忌，讓人忍不住深歎，這真是個沒有國度的世界！

相關資訊

卡爾里拉caolila官方網站

http://www.discovering-distilleries.com/caolila/

★Tours（資訊時有變動，以官方網站為準）
http://www.discovering-distilleries.com/caolila/tours.php

卡爾里拉酒廠導覽Distillery Tour

11月1日至4月19日，周二至周六10：30、13：30
4月20日至8月31日，周一至周日9：30、10：30、14：30、15：30
9月1日至10月31日，周一至周六9：30、11：30、15：30
每人6英磅

品酩之旅Premium Tasting

11月1日至4月19日，周二至周六11：30、14：30
4月20日至8月31日，周一至周日13：30
9月1日至10月31日，周一至周六10：30、13：30
每人15英磅

一個個酒杯代表著一顆顆渴望的
心，卡爾里拉嘉年華限量款酒一
到手，就迫不及待開來品嚐。

帝亞吉歐集團趁著嘉年華期間，
同步行銷其他蒸餾廠。

遠從瑞典來的酒客，心滿意足地
喝著卡爾里拉。

艾雷島上耀眼的一顆星

布萊迪

Bruichladdich

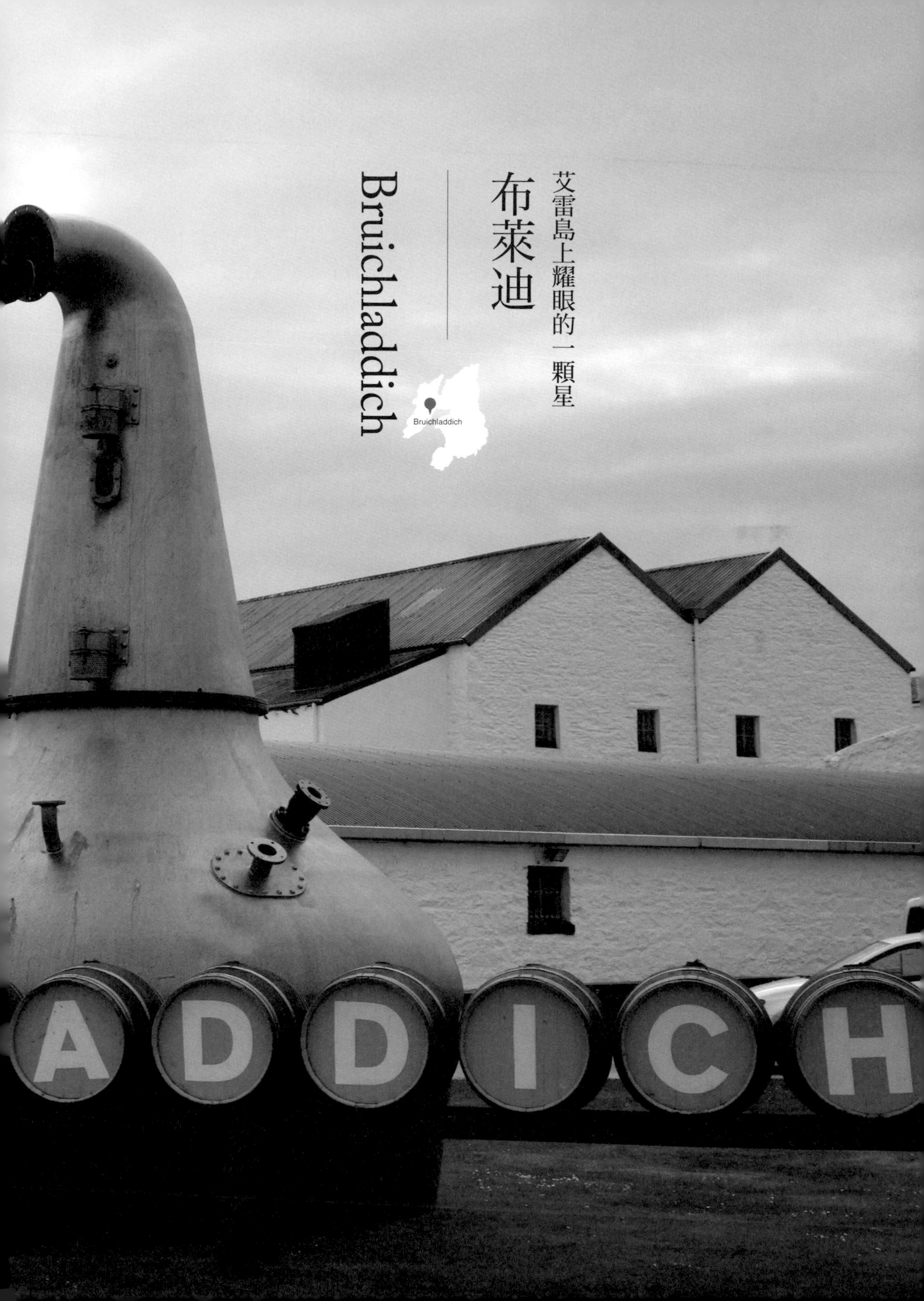

布萊迪是艾雷島上耀眼的一顆星！不僅是因它的行銷手法打破許多蘇格蘭威士忌的傳統，更因為它擁有一位耀眼的明星，蒸餾廠的靈魂人物，首席釀酒師吉姆．麥克尤恩（Jim McEwan）。

吉姆．麥克尤恩有著釀酒人特有的風采，他用充滿創意的釀酒哲學，不強調年份，推出各式限量酒，讓布萊迪成為獨一無二的蒸餾廠。

是復興，也是革命

布萊迪蒸餾廠成立於一八八一年，過程也像許多威士忌酒廠般，經歷過起伏興衰。曾經在一九九四年被金賓集團買下，不過還是難逃關廠的命運，最糟時，只剩兩名員工守著蒸餾廠，一直到二〇〇一年，酒廠重新開幕，這是艾雷島威士忌的復興，同時也是革命。

原本從事葡萄酒業的馬克．萊樂（Mark Reynier），聯合其他股東，以私人集資的方式買下布萊迪，股東之一的吉姆．麥克尤恩，是威士忌酒業裡的大師，他一輩子都與威士忌為伍，在接手布萊迪之後，大膽創新，打破許多威士忌產業的舊有傳統，讓布萊迪成為精品式的威士忌蒸餾廠。

威士忌界的精神導師

一九六三年，吉姆．麥克尤恩進入波摩酒廠工作，那年他十五歲，是負責橡木桶箍桶的學徒，他在波摩工作了三十八年，直到馬克．萊樂號召股東們買下布萊迪，吉姆毅然決然離開波摩，投入布萊迪的陣容中，把一個垂死的蒸餾廠，搖身一變成為全新又充滿實驗色彩的品牌。

吉姆在威士忌界不只是大師，更像個精神導師，一生都在為艾雷島威士忌奮

古董級載運橡木桶的老爺車。

蒸餾廠外，堆滿等著被使用的橡木桶。

鬥，尤其是在接手布萊迪之後，他大刀闊斧、突破傳統，做出許多令人刮目相看的
成績。

　　量產無疑是威士忌酒業追尋的重要目標，多數蒸餾廠均以固定的酒款為主，跨
國財團每年投注大量的行銷經費，專注在這些品項不多、但產量大的產品裡。布萊
迪卻不這麼做，吉姆推出許多不以年份取勝，大膽創新的酒款，有以艾雷島大麥為
號召，強調百分之百艾雷島製造的威士忌；也有完全以蘇格蘭有機大麥為原料的布萊
迪，這在威士忌界也極少見。布萊迪長期與艾雷島及蘇格蘭的農場合作，委託他們
種植布萊迪專用的大麥，曾有艾雷島的農民表示，從沒想過能為蒸餾廠種植大麥，
一直到布萊迪找上他們，這改變了他們的生活，而且是好的改變。

全球泥煤值最高的酒款

　　吉姆更顛覆威士忌蒸餾的次數，先有三次蒸餾，再跌破大家的眼鏡，推出四次
蒸餾的布萊迪。

　　不過，吉姆最有名的力作，是奧特摩（Octomore）和夏洛特港 （Port Charlotte）
這兩個「重泥煤」的特殊酒款，每年限量推出，讓泥煤迷們趨之若鶩。尤其是奧特
摩，每每打破泥煤值的上限，以二〇一四年的6.2版本為例，泥煤質高達167PPM，
是全世界泥煤值最高的酒款。

　　吉姆靈活的手法，讓布萊迪話題不斷，這個蒸餾廠在重生之初，就樹立了獨特
的製酒風格，在不受傳統束縛下，一再推陳出新，大膽創新的同時，卻又執著根基
於艾雷島這塊土地上。不只使用艾雷島種植的大麥，布萊迪更是極少數擁有裝瓶廠
的蒸餾廠。

糖化中的麥芽汁。

布萊迪極為古典的蒸餾器。

百分百 Made In Islay

　　裝瓶這件威士忌生產尾端的作業，屬於勞力密集的一塊，許多蒸餾廠都選擇在格拉斯哥市郊的專門裝瓶廠裡進行，成本較低，現在自行裝瓶的蒸餾廠已經少之又少了。布萊迪選擇擁有自己的裝瓶廠，除了創造出整瓶威士忌「從頭到尾」都「Made In Islay」的紀錄，更重要的是，能夠提供更多的就業機會，讓艾雷島上的年輕人不必遠赴格拉斯哥、愛丁堡等蘇格蘭大城工作，可以選擇留在自己的家鄉。設立裝瓶廠無關成本考量等「經濟效益」，只是希望能解決島上人口外流的宿命，所以，布萊迪的產量雖然遠遠不及島上其他的威士忌「大廠」，但他的員工數卻是八個蒸餾廠中，最多的一個。

數百公尺的排隊人潮

　　艾雷島蒸餾廠多分布於北邊及東邊，布萊迪卻位於西方，隔著一條馬路，另一方就是大海。在艾雷島旅行時，難得到島的這一端，趁著參加布萊迪開幕日活動，好好把艾雷島這端走了一趟。

　　一樣是艾雷島威士忌嘉年華裡的開幕日，布萊迪蒸餾廠的氣氛，跟其他家蒸餾廠極為不同。首先，參加的人數遠遠多過其他家蒸餾廠。當車子靠近布萊迪時，遠遠就看見了漫延數百公尺遠的排隊人潮，而且入口左右各有排隊的隊伍，這還只是等著入場的民眾，不含已進到蒸餾廠裡的。

　　看到布萊迪的開幕日如此受歡迎，著實嚇了一跳，畢竟這是在艾雷島，平常在最熱鬧的波摩，路上多只有幾個行人而已，路途上，見著的牛和羊，比遇到的人還多。到布萊迪的這一趟，是艾雷島之旅見到最多人的一次，就連要停車，都得找一找，才有停車位。人潮和車潮，為艾雷島帶來難得熱鬧的景象。

布萊迪開幕日，熱鬧得如一場嘉年華。

雖然隊伍很長，但大家都井然有序，不少人攜家帶眷，甚至全家出動，隊伍中有不少法令或者本身不被許可喝酒的，像是不少人帶著愛犬、漂亮年輕媽媽牽著可愛的小女孩，跟其他蒸餾廠幾乎都是「酒客」，而且「陽盛陰衰」的場面大異其趣。原來，這天剛好是周日，不少艾雷人趁機來個家庭日，不管喝不喝酒，一塊同樂才是重點。當然也有不少威士忌的愛好者，為了布萊迪，從蘇格蘭、英國，甚至其他國家遠道而來。

　　廠內的人群比起廠外不遑多讓，布萊迪在廣場內擺上幾百張的椅子，架好的舞台上，已經有樂手在準備，每個員工都穿上蒸餾廠的白T恤，脖子還戴上五彩的花圈，很有嘉年華的氣氛，每個人手上都有忙不停的工作，卻都喜氣洋洋，今天可是蒸餾廠，一年一度的大日子啊！

一種淡淡的藍

　　這真是個熱鬧的嘉年華，布萊迪安排了各式節目，有看、有吃、有喝，還有得買。生蠔和烤肉攤是最搶手的，要吃到得耐心排隊。現場有不少艾雷島居民來擺攤，有家庭主婦模樣的婦女，賣著自己做的威士忌手工糖，艾雷島八個蒸餾廠，一個都不少；也有老奶奶賣著手工編織的毛線產品；有藝術家擺出自己的畫作；還有一輪輪，不同的表演節目可欣賞，像是整個艾雷島，都為了布萊迪的開幕日，動了起來。

　　布萊迪的酒標是種淡淡的藍，蒸餾廠內不時可見年輕人三五成群，手上提著一樣也是淡淡藍色的布萊迪提袋，顯得時髦又有型。不只在艾雷島，在整個威士忌產業裡，布萊迪都是個與眾不同的蒸餾廠。手裡拿著布萊迪提袋的感覺和雅柏、拉弗格，甚至波摩是極不同的。雅柏和拉弗格是一種艾雷島風格的表態，強調我是重泥煤的擁護者，波摩則較為懷舊典雅，是個保守派的艾雷島威士忌飲者，至於布萊

開幕日當天，布萊迪員工穿著T恤、戴上花環，服務著蜂湧而至的顧客。

想瞭解布萊迪的滋味，員工當場打開讓你試「聞」。

迪，那肯定是種品味的象徵！

廠區一片歡樂，進來參觀的民眾都人手一杯「飲酒作樂」，但蒸餾廠並沒有因此而停工，裝瓶的作業線還是忙碌得很，轟隆隆的機器聲，提醒大家，布萊迪從不停歇。

湊在一旁看威士忌裝瓶，意外地發現，布萊迪還啟用了好幾位身心障礙者，再一次對蒸餾廠落實本土化及照顧弱勢的做法刮目相看。

送給兒子的成年禮

每個蒸餾廠都會針對艾雷島威士忌嘉年華推出限量酒，布萊迪也不例外，總共只有七百瓶，還不到中午，架上只剩下一半不到，有興趣的人，忙著挑選自己喜歡的號碼，販賣區人聲鼎沸，平時布萊迪並不太好買，看來大家都趁著這天大肆採購、補足存貨，連刷卡機都忙不過來。

然後就在限量酒區旁，看到了一個熟悉的面孔，吉姆・麥克尤恩就在一旁，一樣穿著T恤、戴著花環，像個搖滾明星般，不厭其煩地幫買了酒的粉絲們簽名、合照。明明記得當天上午吉姆才有大師講座，怎麼這會兒就辦起了簽名會，不得不佩服他精力過人。

一個光頭大個的酷叔，特地挑了支編號二十的酒，他請吉姆簽上兒子的名字，謹慎地說，這支酒是打算等到兒子二十歲生日時，送給他的成年禮。不知道他的兒子今年幾歲？想像著，也許這瓶酒漂洋過海，到了另一塊土地，靜靜地等著時間的流逝，若干年後，當這位年輕人二十歲生日到來時，他如父親的期望，審慎地打開這瓶別具意義的酒，嚐到人生第一口艾雷島的滋味，這是釀酒人最大的成就吧！

布萊迪首席釀酒師吉姆・麥克尤
恩，像搖滾巨星般忙著為酒客留
下簽名。

不僅雇用在地員工，布萊迪也雇
用身心障礙者。

布萊迪是唯一設有裝瓶設備的艾
雷島蒸餾廠。

真是便宜了那些牛！

不能免俗，輪到我時，我跟吉姆說，我來自台灣。他帶著迷人的笑容說，台灣他去了好多次呢！是啊，身為布萊迪的首席釀酒師，也等同於代言人，吉姆一年到頭各國跑，就連台灣，他真的前後來過了幾次，甚至高雄也去過，這也是威士忌產業辛苦的一面，為了讓更多人認識自己的酒廠，得巡迴五湖四海宣傳。

也許是進廠時已收了門票，布萊迪的導覽是免費的，看見有一團都是老先生、老太太，問了一下是否可以臨時加入，就這麼半途跟著這些白髮蒼蒼的老朋友們一塊到處看看。介紹到製造威士忌後殘餘的Draft（大麥的糟粕），最後是給牛當了飼料，同團一位老先生回了句，「真是便宜了那些牛！」嗯，果然是老者有老者的智慧。

也 生 產 少 量 的 琴 酒

布萊迪的蒸餾器中，有一具特別不一樣的，上頭寫著Ugly Betty（醜貝蒂），但有一張性感美女側坐的艷照。原來Ugly Betty是專門的琴酒蒸餾器，布萊迪不只有威士忌，也生產少量的琴酒。

二〇一三年正好是吉姆·麥克尤恩從事威士忌業五十週年，布萊迪酒廠的同事們還特別做了張，他最愛的「Boss」布魯斯·史普林斯汀（Bruce Springsteen，註1）在倫敦海德公園演唱會的後台證，送給他當成五十週年紀念禮。吉姆來台北參加「Whisky Live國際烈酒展」，找到機會特別問了他，看了布魯斯·史普林斯汀的演唱會嗎？他點點頭說，看了，而且還哭了。「布魯斯·史普林斯汀對我來說，不是個明星，而是個英雄！」畢生都與威士忌為伍，吉姆有獨特的工作哲學和思維，雖然貴為品牌代表人物，他卻覺得，「我在布萊迪，也只是個藍領」，難怪會鍾情

「醜貝蒂」（Ugly Betty）是布萊迪的琴酒蒸餾器。

有「工人皇帝」之稱的布魯斯‧史普林斯汀。

曾是備受矚目的獨立蒸餾廠，可能是做得太好了，布萊迪仍難抵國際集團併購的趨勢，二〇一二年七月二十三日法國人頭馬君度集團（Remy Cointrean）宣布，以五千八百萬英磅蒐購布萊迪，布萊迪也從一個由四位股東合力經營的私人蒸餾廠，成為國際集團旗下的一份子。

被納入主流體制後，會不會減損布萊迪原有的精神和品質？很多人都好奇結果，我想，這個問題，恐怕只有時間能解答。

相關資訊
布萊迪bruichladdich官方網站

http://www.bruichladdich.com/

★Tours（資訊時有變動，以官方網站為準）
http://www.bruichladdich.com/distillery-tours-visits

布萊迪酒廠導覽Distillery Tours

4月至9月，周一至周五10：00、11：00、13：00、14：00、16：00，周六10：00、11：00、13：00、14：00，周日（僅於4月至8月）13：00、14：00
10月，周一至周五11：00、14：30，周六 10：30、11：30
每人5英磅

酒窖品酩Warehouse Tasting

4月至9月，周一至周五12：00、15：00，周六（僅於4月至9月）12：00
10月，周二及周四2：00、15：00
每人25英磅

註1：布魯斯‧史普林斯汀Bruce Springsteen，美國搖滾歌手，歌曲洋溢愛國主義及社會關懷，從小在紐澤西長大的他，因總在歌中唱出美國勞工藍領階級心聲，被歌迷膩稱為The Boss，更有「工人皇帝」之稱。

嘉年華限量款酒，開幕日當天被
搶購一空。

農場式的小小獨立蒸餾廠

齊侯門

Kilchoman

Kilchoman

齊侯門是個「農場式」的蒸餾廠，擁有自己的大麥田，規模很小。跟其他跨國企業旗下的蒸餾廠相比，齊侯門顯得袖珍，這也是它最珍貴之處。

島上唯一的獨立酒廠

齊侯門是艾雷島上最年輕的蒸餾廠，成立於二〇〇五年，也是島上唯一僅存的「獨立」酒廠。威士忌是個龐大的產業，需要悠長的時間和龐大的資金，雖然早期是以私釀起家，但能夠由家族或私人經營的蒸餾廠少之又少，即使最初是由家族創立，最後總難逃幾經轉手，併入財團的命運。

艾雷島曾經有兩家「獨立」蒸餾廠，布萊迪充滿創意的釀酒哲學，曾是獨立蒸餾廠的典範，但被人頭馬君度集團買下後，現在只剩齊侯門了。

威士忌需要「時間」，蘇格蘭明文規定，法定威士忌最低陳年期限為「三年」，意思是，從放入橡木桶開始，至少要三年後，才能裝瓶上市。這是個最短也要投資三年，才可能開始有「營業額」的產業，因此新興的酒廠少之又少，實力要夠堅強，才能有勇氣投入這個產業的行列裡。

身為艾雷島上，最年輕的成員，齊侯門只是個小小的、手工式的獨立蒸餾廠，但在一片財團規模的競爭對手裡，更顯得彌足珍貴。

何不成立自己的蒸餾廠

齊侯門的創始人安東尼・威爾斯（Anthony Wills），選擇落腳在艾雷島，不過他並不是土生土長的艾雷島人。

安東尼・威爾斯最早是威士忌的獨立裝瓶商，看到許多威士忌的愛好者，執著追求各式的限量酒，興起了何不自己成立蒸餾廠的念頭。安東尼・威爾斯相中了艾

僅僅只有一對蒸餾器，產量自然
無法多。

蒸餾廠創辦人安東尼·威爾斯，
埋首辛苦工作中。

齊侯門的蒸餾器如同蒸餾廠規膜
般，小巧袖珍。

雷島，而且決定要回到威士忌的根源，從種植大麥開始，於是有了齊侯門這個小而巧，獨一無二的農場式蒸餾廠。其實，威士忌最早的釀造就從農場開始，農人們將生產過剩的大麥拿來釀酒，蘇格蘭早期的蒸餾廠都在農場裡。

像齊侯門這樣獨立的小蒸餾廠，也許產量很難與其他酒廠並駕其驅，但在一片財團企業化經營的威士忌產業中，卻顯彌足珍貴，尤其當全球都充斥著各式連鎖企業，大者恆大的商業邏輯，獨立經營的任何產業，都更需要人們的支持。

誕生不到十年的齊侯門，在威士忌界還算是個小Baby，規模也很小，只有一對蒸餾器，每年的產量也不多，真的無法跟其他大蒸餾廠相提並論，但從二〇〇九年推出第一支符合蘇格蘭單一麥芽威士忌標準，陳年三年的酒款後，齊侯門的表現就令很多人刮目相看，多次獲獎，成了艾雷島上耀眼的新生力軍。

小路迢迢不好找

造訪齊侯門的那天，沿著A847公路奔馳，差點就錯過路口蒸餾廠的藍色招牌，順著指引往右轉，一路上渺無人跡，只有一群群低頭吃著草的羊群和牛群，甚至還經過了個大湖，就在快要放棄時，那熟

2005年成立的齊侯門，還是個年輕的蒸餾廠。

悉的藍色招牌又出現了，一路輾著碎石路狂飆，終於在預定的時間內，抵達位在艾雷島西部內陸的齊侯門蒸餾廠。

氣喘吁吁地報到後，導覽小姐稱讚來得真準時，分秒不差。我跟她說，差點就找不到蒸餾廠時，她表示，有一組同時預約參觀的夫妻，一樣還沒找到目的地，得再等等，看來有人跟我們一樣，迷失在往齊侯門的路上。

當初跟另一蒸餾廠員工聊到，待會兒要去齊侯門時，他好意提醒我們，這個蒸餾廠位置有點偏僻，不是很好找，還特別拿了地圖指出它的位置，告訴我們要怎麼走。只是艾雷島的地圖實在很簡單，重要的標的就那幾個，主要幹道也只那幾條，很容易就讓人忽略，其實甲地和乙地的距離不算近，而且還有很多不在地圖上，錯綜複雜的鄉間小路，對方向感沒有信心的人，很容易半路就掉頭走了。

在往齊侯門的路途上，沿途見不著人煙、也無住家，好幾度差點放棄，幸好堅持當初的判斷，而晚到的那對夫妻，也沒遲太久，大夥逛逛蒸餾廠的商店，不一會兒就到齊，開始了齊侯門之旅。

成功吸引了年輕族群

因為是新酒廠，廠內的員工都很年輕，來參觀的客層，也跟其他的酒廠很不同，不少是看來酷酷的年輕人，看來齊侯門成功吸引了一批愛好威士忌的新族群。真的是很年輕的蒸餾廠，廠內的設施沒太多可觀之處，偶然抬頭，見到屋樑上，畫了一隻貓頭鷹。導覽小姐介紹，它叫雨果（Hugo），因為常有燕子飛進來偷吃大麥，所以蒸餾廠員工特別畫了這隻貓頭鷹，希望能「以假亂真」，叫貪吃的燕子別再來。

藍色招牌指引著往齊侯門的小路，一不小心很容易錯過。

屋樑上的「雨果」肩負著驅趕燕子的重責大任。

齊侯門是個年輕的蒸餾廠，也吸引不少年輕一輩的酒客前來。

Machir Bay 馬希爾海灘

　　齊侯門有款名為馬希爾海灘（Machir Bay）的威士忌，馬希爾海灘是處距離蒸餾廠不遠的海灣，某天黃昏，想到這處當地人極為推薦的沙灘走一走，按著地圖的指示，車子已經開到路的盡頭，卻遍尋不著海灘的蹤影。

　　來來回回尋了好幾遍，正當想放棄時，看到一位可能是剛吃完晚飯，正準備騎著腳踏車出門玩耍的小弟弟。趕忙湊上前問他，馬希爾海灘在哪？他二話不說，馬上踩著小小的腳踏車，帶我們去。

　　原來路的盡頭就是馬希爾海灘。把車停好，越過起伏的沙丘，馬希爾海灘就在沙丘後。細細綿綿的沙，太陽已經下山，沙灘上沒有半個人，寧靜中，只聽得到海浪聲，還有白日遺留下來的腳印。這個美麗的沙灘，就像齊侯門以它命名的威士忌酒款，有種沉靜的美感。這趟意外的邂逅，讓以後只要品嚐起馬希爾海灘這款威士忌，腦海裡總會浮現，那一望無際，細白柔軟的沙灘。

　　回程時，見到帶路的小弟弟，帶著大哥哥前來，可能是來找我們的吧！可惜天色漸黑，搖下車窗跟他招招手，謝謝他的幫忙，同時也說再見。

相關資訊
齊侯門kilchoman官方網站
http://kilchomandistillery.com/

★Tours（資訊時有變動，以官方網站為準）
http://kilchomandistillery.com/tour-and-events/distillery-tours

酒廠導覽行程General Tours
周一至周五11：00、15：00
每人6英磅

酒廠經理導覽Managers Tours
周一13：30（需預訂）
每人27英磅

隨著成立時間愈久，齊侯門的酒
款愈為市場所認識。

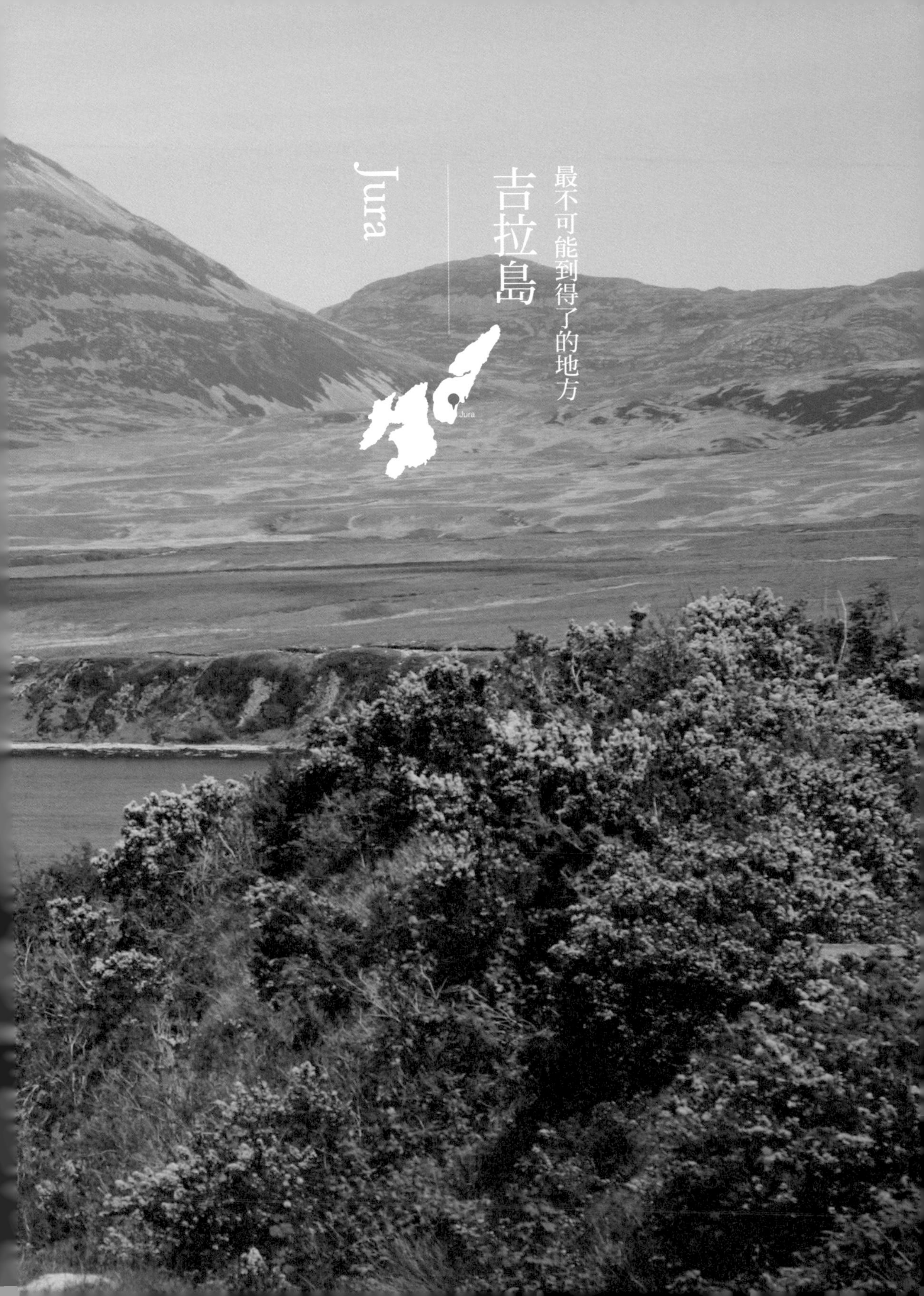

吉拉島

最不可能到得了的地方

Jura

這是一個鹿比人要多上許多的小島,像是遺世獨立般,待在世界的某個角落,吉拉島,一個沒有預期,卻意外踏上的荒涼之島。

喬治·歐威爾曾隱世於此

吉拉島只有兩百多名居民,可是卻有五千多頭鹿,所以它叫Jura,因為在蓋爾語中,Jura就是鹿的意思。整個島只有一條公路、一間飯店、一間商店、一個社區和一個蒸餾廠。

因為它人煙稀少,很有隱世之感,喬治·歐威爾(George Orwell,註1)覺得它是「最不可能到得了的地方」(The Most Ungetable Place),所以選擇避居在島的最北方,寫下了寓言小說《一九八四》(Nineteen Eighty-Four)。

輕泥煤風格

吉拉島製作威士忌的歷史悠久,早於十五世紀即有文獻記載,古拉蒸餾廠是一八一〇年建造,在一八七六年重建,但在十九世紀初時,經歷了關廠時期。現在的吉拉蒸餾廠是於一九六三年重生的,在未重啟酒廠前,島上一度只剩下一百多名居民,不過當吉拉建設起新穎的蒸餾廠設備後,帶動了島上的經濟,也讓島上的人口增加至兩百多名,逐漸恢復生氣。

雖然位處偏僻、不同於艾雷島威士忌強烈的泥煤風味,Jura威士忌輕泥煤風格仍吸引著遠在世界各處的島嶼威士忌迷們,它喝起來甜美柔順,就像島上的鹿群,帶著溫柔、清澈的眼神。最常見的吉拉酒款應屬Superstition(幸運),瓶身上銀色十字架,似乎更為這個遙遠北國的蒸餾廠,增添了些神秘的氣息。

註1:喬治·歐威爾George Orwell。英國左翼作家,曾為新聞記者及政治評論員,代表作為政治諷刺預言小說「動物農莊」及「一九八四」。歐威爾傾全力完成「一九八四」,描繪一極權主義社會,思想自由被箝制,此書於一九四九年出版後,隔年歐威爾即因病逝世。

枯黃的草堆為吉拉島增添了濃濃的蕭瑟感。

害羞的鹿群遠遠觀望著,不敢靠近,稍有動靜,立即飛奔離去。

惡水漩渦 Corryvreckan

喬治・歐威爾當年選擇閉關寫《一九八四》小說之處，在吉拉島的北端。沒有一路征服荒涼往極北去的勇氣，只繞著吉拉的海岸線，漫遊了一段，在島的最北方，有一惡名昭彰的惡水漩渦 Corryvreckan，這個漩渦是全歐洲最大、全世界第二大，雅柏甚至以它為名，替蒸餾廠的其中一款威士忌命名。

雖然到艾雷島的人，大部分都會「順道」拜訪吉拉，但一直不確定到不到得了這個小島。頭一次打算去吉拉島時，那天風有點大，往返艾雷和吉拉兩島間的渡輪沒有開，島上的居民都勸不要去，還警告即使勉強搭上渡輪去了，也很可能因風勢過大，渡輪再度停駛而被困在島上，到時可就不好玩了。

可是島上唯一的吉拉蒸餾廠，只有週一至週五的上班時間開放，除了這天，多數時間都已預訂其他蒸餾廠的行程。不想放棄，於是開著車一路由南往北走，想看看狀況再說，到了搭渡輪的地點阿斯凱港（Port Askaig），不見渡輪的蹤影，只見路旁排了大概六、七輛大小不同的車子，正等著不知何時開的渡輪。

風勢依舊強勁，沒有轉好的跡象，只得打消往吉拉的念頭，免得真的去了回不來，就慘了。

終於登上吉拉島

週末是個好天氣，雖然明知今天吉拉蒸餾廠休息，但還是想往喬治・歐威爾覺得「最不可能到得了的地方」走一走。

今天很順利，登上了渡輪。說是渡輪，其實是台有點老舊的平底船，一小時一班，船真的不大，如果有小貨車上來，頂多只能停三、四輛，幸好今天只有我們一台車，車子開上後，差不多五分鐘吧，就到了吉拉島。其實，在艾雷島的這幾天，

吉拉島靠著渡輪維持與艾雷島間的交通聯繫。

遠遠望去，公路上罕無人煙，只有咻咻的風聲陪伴。

只要往北走，吉拉峰（Paps of Jura）總是在眼前，它在行政區域裡隸屬艾雷島，兩地雖然距離很近，但威士忌的風格卻截然不同。

闖入一年一度的越野馬拉松賽

島上只有一條公路，路旁罕無人煙，只有一片蒼涼的景色，也許開了十來分鐘，沒有任何的來車，有種整個島只有我們的錯覺。好不容易，漸漸有些綠意了，抵達島上唯一的小鎮，也是吉拉蒸餾廠的所在地，出乎意料地蒸餾廠周遭停滿了車子，就連海邊都立滿了五顏六色的各式帳篷，原來，我們意外闖進了吉拉一年一度的越野馬拉松賽跑（Jura Fell Race）了。

這個越野賽跑早從一九七三年就開始舉辦，起點和終點都是吉拉蒸餾廠，是島上的大事，幾乎家家戶戶都出動，吉拉蒸餾廠也大力支持，提供場地做選手們報到和休息用。整個賽程要繞吉拉峰一大圈，路形崎嶇坎坷，不但要經過泥濘沼澤，還有碎石林立的石英岩山坡。因為沿途都是荒蕪的野地，主辦單位也規定參賽的選手一定要攜帶哨子、指南針、地圖，得穿上防水的服裝，防止下雨失溫，甚至還得隨身備妥至少兩百大卡熱量的口糧，隨時補充熱量。

辛苦跑完全程，選手們隨意坐著休息。

比賽從上午十點三十分起跑，我們約在下午一點多到時，有些腳程快的選手，已經抵達終點。看著他們腳上的跑鞋，沾滿了泥巴，選手們一身的疲憊，就地就坐下來休息，可見這是個不簡單的賽程。

為了迎接選手們，終點線前特別安排了位蘇格蘭風笛手，他的工作也不輕鬆，幾乎不間斷地吹著風笛，也是一臉吃力的樣子。賽事歷史悠久，不過，看來志在參加的人不少，各種參賽者都有，不少人帶著狗狗一起跑，也有盲人選手，兩人一組，還有人騎著腳踏車？不管是誰，只要一抵達終點，圍觀的群眾總會報以熱烈的掌聲，鼓勵他們辛苦地翻山越嶺。

結束賽程的選手們，三五好友席地而坐，享受著陽光，一派輕鬆愜意。不少人是攜家帶眷，因吉拉只有一間旅館，看來多數人選擇以露營的方式，度過在吉拉島上的時光。

吉拉蒸餾廠週末休息，從玻璃窗外，清楚看見裡頭陳列的吉拉威士忌，立著吉拉蒸餾廠看板的空間，成了越野賽跑的臨時救護站，有身體不適的選手，就躺在裡頭休息。雖然很可惜無法參觀酒廠，能夠見到這一年一度的吉拉越野賽跑，也是意料之外的收穫。

吉拉是鹿之島，我們一直到要離去，在等待渡輪時，才見到三三兩兩的鹿群，小心警戒地，在高地上吃著草。鹿是美麗的動物，只是太敏感、太害羞，想再靠近點，好好欣賞牠們美麗的姿態，結果一溜煙就躲得無影無蹤了。

相關資訊
吉拉官方網站

http://www.jurawhisky.com/

蒸餾廠之旅需事先預約

從窗外往內看吉拉蒸餾廠商店。

天氣好，媽媽和小孩坐在蒸餾廠外的草地上玩耍。

盡責的風笛手一路吹奏著，等著選手歸來。

第九間蒸餾廠

Gartbreck

Gartbreck

走訪了八間蒸餾廠後,艾雷島即將出現第九間蒸餾廠。

這個消息是先在艾雷島官方網站上看到,接著陸續有媒體報導,將有全新的艾雷島蒸餾廠,已成為威士忌酒界的新聞。這將是繼二○○八年齊侯門成立後,艾雷島一百二十五年來,第二個全新的蒸餾廠。新的蒸餾廠取名為Gartbreck,來自同名的農場,它離波摩蒸餾廠很近,一樣靠近英道爾灣(Loch Indaal),與另一蒸餾廠布萊迪,隔著海灣遙遙相望。

開設蒸餾廠不是件容易的事,必須要有大量的金錢和時間的投資,還需要足夠的耐心和毅力,才能得到回報。威士忌需要陳年,年份愈久價值愈高,所以一個年輕的蒸餾廠,有價資產相對少,這也是為什麼多數財團寧可買一間瀕臨倒閉的蒸餾廠,也不願蓋一間新的,至少舊的蒸餾廠,還有些庫存的陳年威士忌,免去從頭開始的辛苦。

成立新的蒸餾廠,需要相當大的勇氣。不過,這已不是Gartbreck蒸餾廠擁有者尚道尼(Jean Donnay),成立的第一間蒸餾廠,他早在二○○五年,就選在法國的布列塔尼地區,創立了威士忌蒸餾廠Glann ar Mor。選在法國做威士忌,可見尚道尼

艾雷島即將誕生另一間吹拂著海風,有海洋味道的蒸餾廠。(圖片由Gartbreck蒸餾廠提供)

有著非常人般的思維，但這次他選擇在威士忌迷心中的聖地——艾雷島，完成自己的另一個夢想。

　　未來Gartbreck蒸餾廠將生產艾雷島著名的泥煤風格威士忌，並會依循地板發芽（Floor Malting）的傳統，並且建立自己的窯（Kiln），好烘乾麥芽。Gartbreck蒸餾廠日後製作威士忌的大麥，將會有20%取自艾雷島，其餘不足的部分，則自蘇格蘭進口。

　　Gartbreck將有一對直火加熱型的蒸餾器，隔著大片的玻璃窗，遙望著遠方的海洋，發酵槽也會採用奧勒岡松製成。蒸餾廠創辦人尚道尼特別強調，這些做法與懷舊無關，他只是依著自己相信的方式，來製造威士忌。Gartbreck蒸餾廠的水源取自離廠區九百公尺遠的Grunnd湖，除了威士忌之外，它也將生產琴酒，在沒有威士忌可賣前，至少還可以靠琴酒，創造些營收，蒸餾廠預計二〇一六年開始運作。

　　寫下這段文字的當下，Gartbreck的外觀還只是個殘破舊農場，最常造訪的是牛羊群。農場外頭立了個看板，寫著Gartbreck Distillery（Gartbreck蒸餾廠）幾個字，還配上一張模擬未來蒸餾廠的照片，召告著這就是艾雷島的第九間蒸餾廠所在地，除

了這些，其餘的，就需要一點想像力了。雖然Gartbreck蒸餾廠外觀還不怎麼樣，但這可是個紮紮實實二百八十五萬英磅的投資案，約一億四千多萬台幣，再次證明威士忌真是個昂貴的產業。

還需要一段時間才能喝到Gartbreck蒸餾廠的酒，它喝起來會是如何？令人好奇。有了泥煤生力軍的加入，艾雷島威士忌又增添了新風味，在走訪了八間蒸餾廠後，有了這第九間蒸餾廠，也預留了再訪艾雷島的好理由。

舉杯，敬艾雷！

抵達時，飛機載我們降落在艾雷島；離開時，選擇在艾倫港搭乘渡輪離去。站在渡輪的甲板上，目送著艾雷島漸行漸遠，白色的蒸餾廠逐漸消失在視線裡。旅程已近尾聲，但對艾雷島的喜愛卻有增無減。

從艾雷島回來後，對我們而言，艾雷島不再只是個威士忌產區而已，那裡的自然景觀和島民風貌，如此特別，總是再三回味。儘管路途迢迢，心卻靠它很近，每每一張照片就喚回許多微笑的記憶，每舉杯一次，就更加深對這個島嶼的想念。

我們一個是威士忌愛好者（Whisky Lover）、一個是威士忌飲者（Whisky Drinker），總是覺得知道得不夠多、酒量不夠好。艾雷島教會我們許多事。

曾經是個擁有沒落的蒸餾廠和高失業率的島嶼，年輕人口嚴重外流，靠著自己的力量，擦亮艾雷島的招牌，成為全世界威士忌迷們的朝聖之地。艾雷島教會我們的不只是威士忌的學問，艾雷島之行更讓人體會了，最好的佳釀，其實是來自對土地的珍視與驕傲。

Slaandjivaa！（註1）讓我們一起舉杯，敬艾雷島這塊土地，也敬島上可愛的人們和手上的這杯艾雷島威士忌吧！

註1：蓋爾語祝身體健康！也有乾杯之意。

這是Gartbreck蒸餾廠未來的模樣，透過3D模擬圖，可以看見蒸餾器隔著落地玻璃窗，正望著海洋。蒸餾廠將取Grunnd湖水來製造威士忌。（圖片由Gartbreck蒸餾廠提供）

風格獨具

獨具風格

Part 3 Unique Taste

單一麥芽威士忌是「獨奏者」，透過年份的多寡、橡木桶的種類以及產區的不同，盡情展現蒸餾廠的特色。

品嚐單一麥芽威士忌，渴求的是一種明確的風格，蘇格蘭威士忌更是如此。

拆解它的製造過程，重組風味的來源，明瞭產區的分布，然後盡情地享受蘇格蘭單一麥芽威士忌。

什麼是
單一麥芽威士忌？

Islay

「單一麥芽威士忌」（Single Malt Whisky）是種純粹而極致的追求。

所謂的單一麥芽威士忌，指的是在同一個蒸餾廠出產的麥芽威士忌，必須使用發芽大麥，不能摻雜其他穀類，背負著純正、嚴格的產地身分和品牌辨識度，會隨著產地的氣候風土及製酒過程，而有截然不同的風格。

鍊 金 術 士 的 意 外 發 明

不同於「調和式威士忌」（Blended Whisky），將不同蒸餾廠的麥芽威士忌與不同種類的穀類威士忌混合而成，講究的是均衡的美感。單一麥芽威士忌像是風格獨具的「獨奏者」，透過年份的多寡、橡木桶的種類，盡情展現蒸餾廠的特色。而調和式威士忌則像是由各司其職的樂手，組合而成的樂團，經過精細的計算，各聲部、各樂器，呈現出協調之美。

品嚐單一麥芽威士忌，渴求的是一種明確的風格，蘇格蘭威士忌更是如此。只有在蘇格蘭蒸餾，並且熟成三年以上，才能冠上蘇格蘭單一麥芽威士忌。

蘇格蘭威士忌的誕生得從遙遠的歷史說起，最早發明蒸餾酒的是鍊金術士。埃及的鍊金術士在提煉長生不老之藥時，發明了蒸餾酒的方法，當時稱為「Agua Vitae」，意指「生命之水」。這時的蒸餾酒液被拿來浸泡藥草，是藥物的一種，十分珍貴，不是一般人可以取得。

生 命 之 水

蒸餾的方法後來經由歐洲傳入了愛爾蘭，愛爾蘭修道士在修道院裡，以麥芽製造出蓋爾語中的「生命之水」——「Uisge Beatha」，這兩個字被寫在無數蒸餾廠的蒸餾器或分酒箱上，更被奉為威士忌的經典。一般認為，後來坊間威士忌

全球威士忌品牌如此眾多,對熱
愛威士忌的人來說,是永遠探索
不完的寶藏,愛丁堡蘇格蘭威士
忌中心有著豐富傲人的蒐藏。

（Whisky）名稱的起源，就是從蓋爾語的「Uisge」而來。這時的威士忌仍停留在「藥用」的階段，因被嫌太難喝，常放入許多不同的藥草「加味」，一直到隨著蒸餾技術流傳至民間，才被農民使用，逐漸發展成為一種「飲品」。

酒類通常是農作盛產後的產物，威士忌也不例外。大麥豐收，農家們將多餘的農作，藉由蒸餾的方式儲存起來，最初只是無色無味、高酒精濃度的蒸餾酒液，味道跟現在的威士忌相距甚遠。

意外琥珀香

這時的威士忌還是私酒，農夫們「自用」之餘，也會販賣這些大麥蒸餾酒，賺些外快，好支付給地主的地租，甚至索性以蒸餾酒抵扣租金。私酒愈來愈盛行後，蘇格蘭政府動起了課酒稅的念頭，早在一六四四年，蘇格蘭議會就通過對威士忌課稅的決議，不過，上有政策、下有對策，善於製酒的農夫們，總會有辦法規避被課稅。一直到一七〇七年，蘇格蘭與英格蘭合併，愈來愈多的大麥蒸餾酒出現，政府於是大幅增加酒稅，此舉反而讓私釀威士忌更為盛行，人民為了躲避查稅，紛紛把蒸餾器和酒藏在偏僻的山區中。十八世紀的私釀酒時期，對後來威士忌風味的形成，有關鍵性的影響。農民經驗豐富後，開始懂得用純淨的山泉水和品質佳的大麥來釀酒，同時為了移動方便，更將蒸餾器的體積改得更小。據說，某次為躲避課稅官的查緝，私釀者情急下，將酒液藏入了空的橡木桶中，這批藏在桶中，被遺忘了的威士忌，若干年後被打開，竟傳出迷人的香氣和琥珀般的顏色，味道更變得甘醇，這意外的發現，奠定了日後威士忌的製成過程。

私釀的時代在一八二四年告一段落，第一家合法的蒸餾廠格蘭利威（Glenlivet）誕生，相信大家已經從酒商鋪天蓋地的廣告，了解到這段歷史，威士忌也從農家的私釀酒，逐漸發展成為現在龐大的跨國產業。

細細品嚐同一蒸餾廠中不同款的
單一麥芽威士忌，是種享受。

單一麥芽威士忌
的誕生

Islay

一切都從一顆小小的麥芽開始說起。

單一麥芽威士忌的製造過程，起源於大麥。為了要讓大麥變成酒，得先讓它發芽，將澱粉轉化為糖，才能發酵、蒸餾，進而陳釀為威士忌。因此，製造單一麥芽威士忌的第一步，就是「發芽」（Malting）。

Step 1／發芽 Malting

要讓大麥發芽，水是最好的催化劑，各蒸餾廠會以專用的水，將大麥浸泡在其中，大約是兩天的時間，就可以讓吸飽水分的麥子，準備冒出小芽了。

傳統的地板發芽

蘇格蘭威士忌傳統的發芽方式，是將浸濕後的大麥，以二十公分左右的厚度，平鋪在蒸餾廠發麥芽的地板上，再以專用的木鏟，每隔幾小時就將麥芽鏟動一次，好讓所有的麥子發芽的速度都能平均。這種「地板發芽」（Floor Malting）的傳統，現僅有少數蒸餾廠仍承襲此古法，例如艾雷島上的波摩及拉弗格，就顯得格外珍貴。

麥子發芽到一定程度後，就得讓它停止，否則糖分全轉化成養分跑到了芽裡，反而不利製造威士忌，必須加以乾燥，終止發芽的過程。這時麥芽被送進了「窯」（Kiln）裡，蘇格蘭蒸餾廠烘乾麥芽的窯，最醒目的就是那寶塔式的屋頂，據說這樣的設計有助煙霧的排放，所以廣泛為蒸餾廠所使用，反成了許多蘇格蘭蒸餾廠的招牌建築。

僅有少數蒸餾廠，保有地板發芽
傳統。

煙燻香氣的由來

窯的最底層為燃料，中間為產生的熱氣與煙，最上層則鋪放著麥芽。燃料有兩種，有些蒸餾廠單純燒煤炭、有些則選擇燃燒泥煤，艾雷島威士忌最著名的煙燻香氣，就是由此步驟而來。

只是隨著時間的演進，不管是地板發芽或是烘乾煙燻，現多已不在蒸餾廠裡進行，多數的蒸餾廠都轉向專業的麥芽廠購買麥芽，以工業機械化的方式，大量而有效率地進行，好省去此費時又費工的發芽步驟。因此在艾雷島上，唯一有大煙囪，且終年不止息的就是波特艾倫麥芽廠。

艾雷島上的波特艾倫蒸餾廠，過去曾出產單一麥芽威士忌，現則為專業的麥芽廠，依各蒸餾廠不同的要求，量身定做乾燥、煙燻程度各不同的麥芽。

Step 2／糖化 Mashing

麥芽乾燥過後，緊接著會被磨碎，送進糖化槽裡。

「糖化」（Mashing）是讓大麥釋放出糖分的重要步驟，除了碎麥芽外，糖化槽裡還會加入約攝氏60度的溫水，活化大麥中自然產生的酵素，經過酵素的催化，好讓麥芽中的澱粉轉化成為糖。

在糖化的過程裡，除了加入大量的溫水，還必須不斷地攪拌。糖化槽中都有一支橫向的攪拌棒，每個蒸餾廠的形狀不一，但相同的是，它得不停歇，持續讓麥芽釋放出糖分。

糖化槽的底端有開孔，過濾出糖化後的麥芽汁，準備進入下一個步驟「發酵」，槽內留下大麥殘渣，這個名為「Draft」的大麥糟粕，含有豐富的營養，通常被蒸餾廠賣給畜牧場或是加工做成飼料。

藉由溫水及不斷攪拌，促進糖化過程。

波摩蒸餾廠至今仍使用古典的黃銅糖化槽。

Step 3／發酵 Fermentation

糖化過後的麥汁降溫後，被送進了「發酵槽」（Wash Back），這時各蒸餾廠會加入自家的酵母菌，進行發酵作業。

造成複雜風味的關鍵

發酵對日後威士忌的風味有很大影響，發酵的過程會產生許多不同的香氣，是造成威士忌複雜風味的關鍵因素，因此蒸餾廠都有自家慣用的酵母菌種，有些蒸餾廠甚至自行調配，加入兩種以上的酵母菌。

發酵增添威士忌的風味，這點在參觀蒸餾廠時即感受得到，一進到發酵區，明顯感覺到四周的溫度偏高，還瀰漫著一股淡淡的「啤酒香」，探頭往發酵桶裡一看，裡頭才是熱鬧。在酵母的催化下，桶子裡麥汁直冒泡，而且在沒有任何外力狀況下，汁液不停地跑動，活力十足。

準備從啤酒變成威士忌

傳統上發酵槽以木桶為主，但現代有不少蒸餾廠為精準控制溫度等外在條件，紛紛改用不鏽鋼槽，以利大量生產。發酵的時間約在三天左右，此時產生的酒汁（Wash），約有7%左右的酒精濃度。製造威士忌的過程到此階段，跟啤酒大同小異，生產出來的酒汁，喝起來也像啤酒，接下來的「蒸餾」（Distillation）步驟，才是讓酒汁從啤酒變成威士忌的重要一步。

發酵中的麥芽酒汁活力十足。

Step 4／蒸餾 Distillation

蒸餾是讓威士忌不同於其他酒類，最重要的一個步驟。單一麥芽威士忌使用的是「罐式蒸餾器」（Pot Still），其他穀類威士忌使用的則是柱狀或者稱「連續式蒸餾器」。

酒頭、酒心和酒尾

單一麥芽威士忌的蒸餾器都為銅製，但形狀不一。有燈籠型、洋蔥型、梨型等，製酒人相信，蒸餾器的形狀影響蒸餾出來的威士忌味道，因此當蒸餾器不堪使用、需要汰換時，假設原銅製蒸餾器有某處凹了，換上新的蒸餾器，也得在同樣地方製造出同樣的凹陷，才能確保威士忌的風味不會有任何變化。

蘇格蘭多數採二次蒸餾，少數蒸餾廠為三次蒸餾。通常是兩個蒸餾器一組，第一次蒸餾的叫「酒汁蒸餾器」（Wash Still），也有稱為「初餾器」；第二次蒸餾則叫「烈酒蒸餾器」（Spirit Still），也稱「再餾器」。蒸餾的技術是利用沸點不一，分離出水和酒精，第一步經過酒汁蒸餾器產生的液體，酒精濃度仍低，而且含有許多雜質，需要再經二次蒸餾，經過烈酒蒸餾器後的液體，經由「分酒箱」（Spirit Safe）可分為「酒頭」、「酒心」和「酒尾」，分酒箱都上鎖保護，只有蒸餾師能依專業判斷，那些是帶有美味及香氣的酒心，可以保留下來，其餘最初和最後段的酒頭和酒尾，則重新回到蒸餾器，跟初餾的酒汁混合，再來一次蒸餾之旅。

三次蒸餾

少數蒸餾廠進行的三次蒸餾，會去除掉更多的雜質，取得更純淨、輕柔的酒

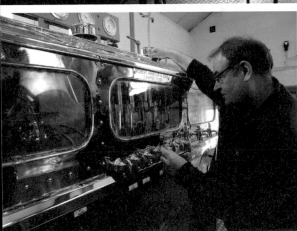

蒸餾器是蒸餾廠的命脈,每間酒
廠都十分珍惜,此圖攝於波摩蒸
餾廠。

波摩酒廠蒸餾師威利,正仔細控
管每一滴新酒。

蒸餾時,需經由分酒器區分出酒
頭、酒尾、酒心。

液，但三次蒸餾也同時被認為去掉了更多酒液的「個性」。

　　經過二次蒸餾後所得的酒液稱為「新酒」（New Pot），但這時它只是酒精濃度高達70%左右的無色透明酒液，離熟悉的威士忌，只剩最後一段，卻也是最漫長的旅程——「熟成」（Maturation）。

Step 5／熟成 Maturation

　　這是威士忌最迷人的一個階段，傳統蒸餾廠的熟成酒窖，多數建造在陰涼、密閉的空間，踏入酒窖就像進入另一個世界，只有一桶桶原酒沉睡著，吸收著時間的精華。

科技控溫，更有效率

　　不過，隨著威士忌產業的現代化，傳統的熟成酒窖已不敷使用，許多蒸餾廠特別建造以科技控溫，更有效率的熟成倉庫，好精準地控制威士忌的品質，不過這類現代倉庫，總讓人覺得少了些什麼。

　　儲存熟成威士忌的橡木桶，是讓酒液從透明、烈嗆，轉為帶香氣、圓潤及琥珀般色澤的功臣。每個蒸餾廠會選擇不同的橡木桶來陳放新酒液，不同的橡木桶賦予新酒不同的顏色與氣味。選擇橡木的原

酒窖是蒸餾廠裡最安靜的角落，
只有橡木桶裡的酒沈睡著。

因，是因為它的材質堅固又有彈性，能夠彎曲製成橡木桶，材質又經得起時間的漫長考驗。

新酒因酒精濃度達70%，放入橡木桶前，得先稀釋到63%，一般認為這是最適合放入桶內熟成的酒精濃度，而被加入稀釋的水得跟當初糖化時的水一致，才不會干擾威士忌的味道。

雪莉桶與波本桶

陳放威士忌的橡木桶，體積最大的是「雪莉桶」（Sherry或Butt），它是用來熟成西班牙雪莉酒的酒桶，容量約500公升。雪莉桶會讓威士忌染上一股紅艷的色澤及甘醇的甜美。其次是「組裝桶」（Hogshead），組裝桶指的多是美國波本威士忌橡木桶，裝解成一塊塊木板，運到蘇格蘭組合成的橡木桶，容量約250公升，重量約等於一頭豬（Hog），所以有此名稱。「波本桶」（Barrel）則是蘇格蘭蒸餾廠使用的大宗，因美國波本威士忌業規定，必須使用全新的波本桶，因此蘇格蘭就大量接收了這些承裝過一次波本威士忌的波本桶。波本桶陳放的蘇格蘭威士忌，酒體較為輕盈，風味也較細緻，比較能夠呈現出蒸餾廠的特色。

送給天使的威士忌

橡木桶十分珍貴，一個桶子壽命常長達數十年，蒸餾廠多盡其所能地使用，將它的壽命發揮到極致，一般通常會裝填到三次，若真要進行第四次裝填，因橡木桶的風味已所剩無幾，多會用在調和威士忌的原酒上。

在長時間的熟成裡，橡木桶隨著溫度熱脹冷縮，吸收進空氣中的氣味和元素，桶子裡的威士忌，也會因為蒸發，每年損失約2%，這些因自然作用減少的酒，被

膩稱為「Angels' Share」，是送給天使喝掉的威士忌！

Step 6／裝瓶 Bottling

這是威士忌生產過程中，最不浪漫的一個階段。完成橡木桶熟成任務的威士忌，要送到消費者前必須裝瓶，直接從桶中取出的原酒，酒精濃度過高，而且每一桶酒的風味不盡相同，為了統一蒸餾廠的風格，會先將熟成好的原酒集中調和後，加水將酒精濃度降到40%或43%左右，再送到裝瓶廠中裝瓶。

不過，現在有愈來愈多的蒸餾廠，推出桶裝原酒，甚至逐一標明裝桶及裝瓶的年份、編號，這記載清楚的「身分證」，讓愛喝威士忌的人，能品嚐到最純粹、單一的威士忌風味，一杯在手，擁有像身歷熟成酒窖般的享受。

在橡木桶時間的長短，影響威士忌酒色的深淺。

蒸餾廠多委託專業裝瓶廠裝瓶，像布萊迪這樣連裝瓶都自己來的蒸餾廠少之又少。

蘇格蘭
威士忌產區

Islay

一直覺得威士忌瓶中裝載的，不只是酒，還有產地濃濃的風土與民情。蘇格蘭自古就有著強悍、驕傲的民族性，冰河時期造就的地形，平面覆蓋上一層厚厚的腐植被，成為適合大麥生長的肥沃土地，深峻的河谷與湖泊，流經清澈純淨的水，寒冷多雨的氣候，蘊釀出風味獨特的蘇格蘭威士忌。

　　蘇格蘭威士忌豐富的風格，來自於它多元的產區，主要有「高地區」（Highland）、「低地區」（Lowland）、「斯貝河畔區」（Speyside）、「艾雷島」（Islay）、「坎貝爾鎮」（Campbeltown）和「島嶼區」（Islands）這六個不同的產區。

斯貝河畔區Speyside

　　斯貝河畔區的面積雖小，但卻是蘇格蘭威士忌六個產區中，蒸餾廠密度最高及數量最多的，有一半以上的蒸餾廠，甚至可能高達三分之二，都集中在這小小的產區裡。

　　斯貝河畔區以斯貝河流域為主，屬於這個產區的蒸餾廠，其中不乏鼎鼎大名，許多人時常品飲的蘇格蘭威士忌，多數來自這裡。如格蘭利威（The Glenlivet）、格蘭菲迪（Glenfiddich）、百富（The Balvenie）、麥卡倫（The Macallan）、格蘭露斯（Glenrothes）、格蘭花格（Glenfarclas），信手一數，就有這麼多炙手可熱的威士忌品牌，可見斯貝河畔是蘇格蘭威士忌一級重要的產區。

　　過去就是大麥盛產之地，加上斯貝河畔有許多流經此處清澈的河流，先天環境就很適合威士忌，早在私釀時代，就生產許多蘇格蘭威士忌。現在的斯貝河畔更是蘇格蘭威士忌的精華地帶，出產富花果香氣的高雅威士忌，十分受到歡迎。

島嶼區 Islands

斯貝河畔區
Speyside

高地區 Highland

艾雷島 Islay

坎貝爾鎮 Campbeltown

低地區 Lowland

蘇格蘭威士忌六個主要產區

艾雷島Islay

　　過去，艾雷島曾被列入島嶼區裡，但因風格太特殊，隨著艾雷島愛好者的增加，它也就順應民意，獨立自成一產區。

　　艾雷島上只有八家蒸餾廠，未來將增為九家，但幾乎所有蒸餾廠都鄰近海邊，擁有強烈的海洋氣息及碘酒味，平原上有著厚實的泥煤層，以泥煤烘乾麥芽增添的煙燻味，加上流經泥煤層特殊的水質，造就了艾雷島威士忌獨一無二的特色，是所有蘇格蘭威士忌產區裡風格最鮮明的。

　　儘管蘇格蘭其他地區也產泥煤，但艾雷島威士忌的風味與眾不同，且無法被取代，粗獷中帶細緻，是艾雷島威士忌迷人之處。

高地區Highland

　　高地區是蘇格蘭威士忌最大的產區，占了蘇格蘭一半以上的面積，因為幅員廣大，有靠海、有高山、有平原，地形落差極大，威士忌的風味也有差異，風格很難一以貫之，通常又被細分為北高地、東高地、南高地和西高地。北部高地的酒體厚實；東部高地因鄰近斯貝河畔區，風格也類似；南高地較清爽淡雅；西高地則帶點泥煤香。整個高地區集蘇格蘭各大產區威士忌特色於一身。

低地區Lowland

　　三次蒸餾是低地區威士忌的一大特色。一般蘇格蘭威士忌多採二次蒸餾，低地區因接近愛爾蘭，與愛爾蘭相同，直至今日，都仍奉行三次蒸餾的傳統。三次蒸餾能讓威士忌更純淨、柔和，這也是低地區的特色，可惜屬於低地區的蒸餾廠少

不同產區、不同品牌的威士忌，
令人眼花撩亂。

之又少，歐肯特宣（Auchentoshan）是少數以三次蒸餾為特色的酒廠，它靠近格拉斯哥，因此被認為是格拉斯哥的蒸餾廠。另一家低地區有名的酒廠為格蘭金奇（Glenkinchie），則被認為是愛丁堡的酒廠。

　　格拉斯哥和愛丁堡這蘇格蘭的兩大城，雖都屬低地區，彼此距離也只有二、三十分鐘的車程，但自古兩個城市就有瑜亮情結，在格拉斯哥時，果然喝歐肯特宣的人比較多，到愛丁堡自然得改喝格蘭金奇了。

島嶼區Islands

　　島嶼區是散布在蘇格蘭沿岸威士忌小島的統稱，包括：擁有高原騎士（Highland Park）的「奧克尼島」（Orkney），它同時也是位居最北的蘇格蘭威士忌產地；經典威士忌蒸餾廠大力斯可（Talisker）所在地的「斯開島」（Skye）；托巴莫利（Tobermory）蒸餾廠所在的「茂爾島」（Mull）；還有跟艾雷島離得很近，但風格卻大不同的「吉拉島」（Jura）；及以同名蒸餾廠著稱的「艾倫島」（Arran）。

坎貝爾鎮Campbeltown

　　坎貝爾鎮位於蘇格蘭南邊「金泰爾半島」（Kintyre）的尾端，它同時也是個港口，四周都被海洋包圍。坎貝爾鎮有過輝煌的歷史，全盛時期曾經擁有三十多家的蒸餾廠，不過好景不再，整個產區一度只剩下雲頂（Springbank）及格蘭斯考蒂亞（Glen Scotia）等少數蒸餾廠，但他們努力維持正常運作，不讓坎貝爾鎮自蘇格蘭威士忌的產區地圖上消失。尤其是雲頂，堅持使用自家生產的麥芽，是威士忌迷心中評價很高的蒸餾廠。

　　近年來以雲頂為首的蒸餾廠，努力復興坎貝爾鎮區帶有鹽味、油性、風格厚重的蘇格蘭威士忌。

蘇格蘭有全世界最豐富的單一麥
芽威士忌,同時也擁有眾多的
PUB,PUB文化歷止悠久,人
們習慣到這裡喝上一杯,它同時
也是重要的社交場所。

附錄

Islay

走看 / Islay
艾雷

尋找海豹
島上有兩百多種鳥類

　　艾雷島的路況單純，景點也不複雜，八個蒸餾廠的位置，看過一遍就能記在腦海。有了方位概念後，大可以把地圖丟一旁，反正路就這麼一條，走錯，再掉頭就是了！

　　因為要去布萊迪蒸餾廠，難得到島的另一端，臨時起意再往南走，尋找海豹的蹤影。艾雷島有豐富的野生物種，島上有超過兩百種的鳥類，每年都吸引為數眾多的賞鳥客前來，不過，我們不是賞鳥一族，身上也沒帶任何裝備，倒是接二連三看到海豹。

　　海豹在蘇格蘭並不稀奇，在蘇格蘭許多海岸，甚至港口，都見得到海豹的蹤影。尤其在漁港裡，因為漁夫總會把些不需要的漁獲，丟入港口裡，成為海豹的食物，常可見海豹冒出頭來，緊鄰著碼頭邊索食。

　　問了波摩旅客服務中心女士的意見，艾雷島不只一處看得到海豹，但她推薦我們往南，到波特納黑文（Portnahaven）試試看。

　　沿著A847公路往南開，先經過夏洛特港（Port Charlotte），這是另一個擁有不少居民的小鎮，接著經過一長段只有草原、海灘和羊群的路段，來到了波特納黑文。

波特納黑文（Portnahaven）港
灣裡，有海豹懶洋洋曬著太陽。

波特納黑文是個小漁村，可能風浪有些大，只見港口不遠處有兩、三艘漁船，不過港灣的岩石上，倒是見到兩、三隻海豹，懶洋洋地享受著所剩無幾的太陽。只是距離有點遠，看得不是很清楚。

避 風 的 P u b

不只我們特別跑來看海豹，也有不少人像我們一樣，衝著海豹開車前來，也有爸爸帶著女兒，前來「拜訪」海豹。只是風實在太大，在港口邊站沒多久，海風吹得頭都痛了，趕緊躲到港口附近一間家常的Pub。雖然已是五月天，但Pub的壁爐裡，還是暖暖燒著泥煤，溫柔的火光，讓人一會兒就溫暖了起來，連頭痛都消失不見了。

Pub裡的客人看來都是附近的居民，電視螢幕上Live播著足球賽，雖然對兩個球隊都很陌生，但球賽的氣氛感染了小小的Pub，坐在吧檯的先生聚精會神看著，進球時的歡呼，讓我們也跟著一塊高興了起來。

看 海 豹 的 地 點

在艾雷島上，可以看到海豹的地方不只一處，經過雅柏蒸餾廠再往前方大約二十分鐘左右的車程，阿德莫爾（Ardmore）也是個看得到海豹的地方。沿途人煙罕至，只有牛群眨著長睫毛、瞪著銅鈴大眼，站在路中間瞧著你。沿著海岸線，看到不只一隻海豹在礁岩上曬著太陽，只是道路狹窄，連會車都有些困難，何況是停下來悠哉地看，還是波特納黑文適合些。

波特納黑文是艾雷島典型的小漁
村，房屋依著海岸林立。

古蹟尋幽
艾雷島古蹟芬拉根Finlaggan

芬拉根是位在艾雷島東北方的歷史遺跡，它是芬拉根湖上的三個小島，在十二世紀至十六世紀，有長達四百年的時間，是島上領主麥克唐納（MacDonald）家族所在地，甚至議會也設置在此，當時的領主有著蓋爾人強硬的性格，並不受皇室的控制。因此芬拉根也曾是艾雷島、甚至蘇格蘭西部島嶼，重要的政治權利中心。

現在芬拉根有個簡單的遊客中心及小博物館，收取門票的老奶奶好意提醒，等外頭的遺址看完，還可以再進來看看博物館裡的收藏。雖然只有些殘缺不全的屋子和教堂遺址，但因處在美得令人屏息的景色中，走在串連湖中小島的木棧道上，更可以清楚看到流經泥煤層的湖水，清澈中有著淡淡的咖啡色。

基戴爾頓高十字架The Kildalton High Cross

經過雅柏蒸餾廠後，沿著狹小的產業道路，一路向前，來到了基戴爾頓（The Kildalton）。這裡有全蘇格蘭最古老、維持得最好的基督教高十字架——基戴爾頓高十字架。這個莊嚴的十字架，歷史可追溯至西元八世紀，在一八六二年時被人發現，抬起這個高十字架時發現下頭還有另一個小的十字架，以及一男一女的遺骸。

在另一端，有一中世紀晚期的教堂遺址，因年代久遠，已經沒了屋頂。但陽光從上方洩下，照射在現已是草地的教堂土地，氣氛肅穆寧靜。

芬拉根遺址中，串連湖中小島的木棧道。

芬拉根是艾雷島早期的權力中心，留有當時家族的墓園遺跡。

基戴爾頓高十字架有全蘇格蘭現存最古老的基督教高十字架。

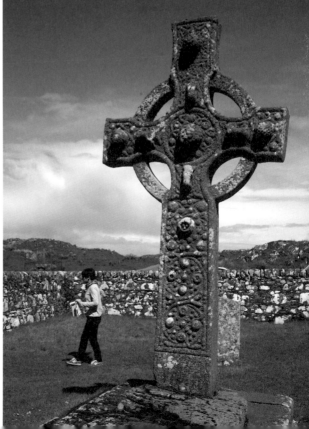

拜訪小鎮
波摩Bowmore

波摩是艾雷島的行政中心，整個鎮幾乎一目了然，最主要大街的尾端，是艾雷島獨特的圓形教堂，它端踞在波摩的最高處，像是從上往下照望島上的居民，如果是從波特艾倫方向來，又像是占據在小鎮的入口，守護著波摩的住民。教堂之所以蓋成圓形，據說是想讓魔鬼無處躲藏，圓形的空間一覽無遺，沒有任何死角。

波摩興建於一七六八年，跟愛丁堡新城是同一年，同屬蘇格蘭極早即有城市規畫的地區。艾雷島上唯一的旅客服務中心在這，服務中心前方有一廣場，常可看到村民在這裡閒聊。波摩有幾家還不錯的餐廳，還有一、兩間明顯是為觀光客設立的商店，像是Spirited Soaps，將島上威士忌及植物做成肥皂、乳液等產品，也是艾雷島上除了蒸餾廠，少數可以買「伴手禮」的地方。

波摩是整個艾雷島最熱鬧的地方，但即使是艾雷島威士忌嘉年華期間，馬路上也見不到什麼人潮，也沒有任何活動的布條或旗子，十分低調。

艾倫港Port Ellen

大部分到艾雷島的人，都是從艾倫港進來的，這個小鎮可說是艾雷島的門戶，不但有渡輪港口，機場離這也不遠。尤其是要往拉弗格、拉加維林和雅柏三個蒸餾廠，都得經過艾倫港，這裡也是僅次於波摩，艾雷島上第二熱鬧的小鎮，不少居民住在這附近，鎮上更有小小的Coop連鎖超市，也是除了波摩之外，唯二有超市的地方。

波摩是艾雷島的行政首府，也是島上
最熱鬧的地方，但即使是嘉年華活動
期間，路上行人也不多。後方為著名
的圓形教堂。

波摩有艾雷島上少數幾間「特產」
店，Spirited Soaps 賣有各式各樣的
香皂，甚至以艾雷島單一麥芽威士忌
製成，是很有特色的伴手禮。

艾倫港是艾雷島的門戶，也是島上人
口較密集的區域之一。

阿斯凱港 Port Askaig

　　阿斯凱港是個只有一間同名旅館、一間雜貨店兼郵局的港口小鎮。因為只有簡單幾幢建築，真懷疑是否有人住在這裡？

　　天氣好時，阿斯凱港旅館前，有人優閒地坐著用餐、曬太陽，港灣裡有小女孩拿著漁網玩耍，海天融為一色，整個阿斯凱港像是另一個天地。

　　阿斯凱港在島的北端，和南端的艾倫港是艾雷島兩大重要的交通要鎮，因從蘇格蘭來的渡輪，一週有好幾班，輪流在這兩個地方停靠。還有若要往吉拉島，也是在阿斯凱港搭乘小渡輪前往。

　　所以在有渡輪、沒有渡輪時，阿斯凱港的景象完全不同。在渡輪抵港的日子裡，港口邊排了長長的車龍，一輛輛的大小車輛，都等著待會要上渡輪，還有從渡輪下來的民眾和車子，也把阿斯凱港擠得熱鬧非凡。不過，等渡輪開走，來艾雷島的人們也一哄而散後，阿斯凱港又恢復它安靜、冷清的景象了。

夏洛特港 Port Charlotte

　　夏洛特港是艾雷島西南方人口較密集的小鎮，路途有些遙遠，平時很難專程前往，不過，因它離布萊迪蒸餾廠不遠，參觀布萊迪時，可以順道造訪。

　　艾雷島博物館（Museum of Islay Life）就位在夏洛特港，對島上悠久的歷史有詳細的介紹。艾雷島博物館原本是座教堂，在一九七六年被買下，成為博物館，館藏極為豐富，從石器時代至今，有超過一千六百項的館藏物及許多珍貴的照片，想深入了解艾雷島，值得走一遭。

阿斯凱港，港灣停著幾輛色彩繽紛的漁船。

阿斯凱港裡的同名旅館。（梁岱琦 攝影）

位於夏洛特港的艾雷島博物館，擁有非常豐富的艾雷島歷史及生活遺產。

艾雷島旅遊實用資訊

出發前往艾雷島前，當然得先嚐一嚐艾雷島威士忌的滋味，不過，相信應該已是艾雷島產區的愛好者，才會飛越大半個地球，往世界的另一端去。

最經濟的方式：從格拉斯哥搭巴士再搭船

住宿和交通是最重要的課題。從台灣到艾雷島得先飛到蘇格蘭最大的城市格拉斯哥（Glasgow），再從格拉斯哥轉往艾雷島，其中有兩個選擇，省錢耗時的是先搭巴士，花約四個多小時的車程，從格拉斯哥出發到Kennacraig港口，接著再從港口搭渡輪，渡輪花兩個半小時左右，才到得了艾雷島。前後加上等船、等巴士時間，七、八個小時跑不掉。

最快抵達的方式：搭蘇格蘭國內線小飛機

搭蘇格蘭國內線小飛機往艾雷島，花費雖較高，卻能省去舟車勞頓的時間，只要三十多分鐘就到了。如果預算許可，這是輕鬆許多的選擇。不過，因為只能坐二、三十人的小飛機，座位有限，可得早早預訂。

提早規劃住宿選擇多

住的部分有些規畫，有許多的選擇。除了威士忌，觀光是艾雷島另一項重要收入，島上有許多的民宿，也有出租的別墅、農舍，旅館也不少，就連雅柏和波摩這兩個蒸餾廠，都有小屋、別墅按日或按周出租，能住在蒸餾廠裡，也是個吸引人的選項。
Bridgend Hotel
http://bridgend-hotel.com/

八個酒廠分區造訪

威士忌是旅行的重點，島上的八個蒸餾廠都有自己的官方網站，透過官網可以瞭解每個導覽行程的內容，如果不甚清楚，也可透過MAIL詢問。艾雷島並不大，通常位於東南方的雅柏、拉加維林、拉弗格可以「順道」一塊遊覽；同在北境的布納哈本、卡爾里拉可一道造訪；波摩地處艾雷島中心，時常經過；位於西邊的齊侯門和布萊迪，則適合各花個半天時間。

配備宜精簡，輕裝旅行為上

艾雷島擁有豐富的自然美景，對喜愛攝影的人而言，恐有按不完的快門。不過，千萬不要為了補捉美景，讓一大堆裝備拖累，一個機身、一支24mm-105mm的鏡頭，就是我此次艾雷島行唯一的攝影配備，輕裝旅行，把精力留著好好品嚐威士忌，才是最聰明的選擇。

艾雷島官方網站

http://www.islayinfo.com/
裡頭有詳細的艾雷島歷史、風土介紹，也有島上幾乎所有旅館、民宿、度假小屋的連結，是非常實用的網站。因為市面上能找到艾雷島的資訊有限，出發前，艾雷島的官方網站解決了大部分的問題，建議最好花時間，好好逛一逛。

艾雷島威士忌嘉年華網站

http://www.theislayfestival.co.uk/index.php
每年會預告下一年度的艾雷島威士忌嘉年華日期，2016年為5月20日至5月28日。
同時有各個蒸餾廠的「開幕日」及蒸餾廠嘉年華節目表。如果不想只是逛酒廠，裡頭也有「非」威士忌類節目表，如蓋爾民謠演唱會、戲劇工作坊等，各蒸餾廠有時也會在酒窖或大廳內舉辦演唱或爵士音樂會，甚至高檔的威士忌餐會。

飛往艾雷島航空公司網站

http://www.flybe.com/
唯一飛艾雷島的廉價航空公司，票價依去回程時間不同，價格也不同，建議確定時間後，就趕緊把票買好，免得稍一猶豫就沒位置了。

渡輪公司網站

http://www.calmac.co.uk/

銜接格拉斯哥與渡輪搭乘地Kennacraig巴士網站

http://www.citylink.co.uk/index.php

租車公司

http://www.islaycarhire.com/
http://www.carhireonislay.co.uk/
英國以手排車居多，如果會開手排選擇較多，否則一樣得早點把車訂好，不然在島上期間若沒有交通工具，往返各蒸餾廠間十分不便。

氣象

http://www.bbc.com/weather/2655051
艾雷島天氣變化大，常一會下雨、一會又天晴。出發前，建議上BBC氣象網站，可查詢到島上首府波摩的氣象，以此為基準，備妥防寒衣物。尤其是艾雷島多風，一件防風又擋雨的外套，無論在那個季節去，都是最實用的。

艾雷島、威士忌相關中英文對照

Andrew Brown 安德魯・布朗

Anthony Wills 安東尼・威爾斯

Ardbeg 雅柏

Arran 艾倫島

Auchentoshan 歐肯特宣

Bessie Williamson 貝西・威廉森

Black Bottle 黑樽

Blended Whisky 調和式威士忌

Bottling 裝瓶

Bowmore 波摩

Bridgend Hotel 布里金德飯店

Bruce Springsteen 布魯斯・史普林斯汀

Bruichladdich 布萊迪

Bunnahabhain 布納哈本

Campbeltown 坎貝爾鎮

Caol Ila 卡爾里拉

Corryvreckan 惡水漩渦

Diageo 帝亞吉歐

Distillation 蒸餾

Fermentation 發酵

Floor Malting 地板發芽

Georgie Crawford 喬治雅

Glen Scotia 格蘭斯考蒂亞

Glenfarclas 格蘭花格

Glenfiddich 格蘭菲迪

Glenkinchie 格蘭金奇

Glenlivet 格蘭利威

Glenrothes 格蘭露斯

Hebrides 赫布里群島

Highland Park 高原騎士

Highland 高地區

Iain McArthur 伊恩

Ileach 艾雷人

Islands 島嶼區

Islay 艾雷島

Jean Donnay 尚道尼

Jim McEwan 吉姆・麥克尤恩

Jim Murray 吉姆・莫瑞

Johnston 強斯頓

Kilbride 基爾布萊德河

Kilchoman 齊侯門

Kintyre 金泰爾半島

Lagavulin 拉加維林

Laggan River 拉根河

Laphroaig 拉弗格

Loch Indaal 英道爾灣

Loch Nam Ban 南彎湖

Lowland 低地區

Machir Bay 馬希爾海灘

Margadale 瑪加岱爾河

Mark Reynier 馬克・萊樂

Mashing 糖化

Maturation 熟成

Mull 茂爾島

Octomore 奧特摩

Old Kiln Café 老窖咖啡

Orkney 奧克尼島

Paps of Jura 吉拉峰

Port Askaig 阿斯凱港

Port Charlotte 夏洛特港

Pot Still 罐式蒸餾器

Purifier 淨化器

Robin 羅賓

Royal Lochnagar 皇家藍勛蒸餾廠

Single Malt Whisky 單一麥芽威士忌

Skye 斯開島

Speyside 斯貝河畔區

Spirit Still 再次蒸餾器

Spirits Still 烈酒蒸餾器

Springbank 雲頂

Suntory 三得利

Talisker 大力斯可

The Balvenie 百富

The Glenlivet 格蘭利威

The Harbour Inn 旅館

The Holy Coo Bistro 聖牛小餐館

The Macallan 麥卡倫

Tobermory 托巴莫利

Uisge Beatha 生命之水

Wash Back 發酵槽

Wash Still 酒汁蒸餾器

STYLE
08

到
艾雷島
喝
威士忌

Islay

嗆味酒人朝聖之旅

作　者／梁岱琦
攝　影／謝三泰
特約編輯／張碧員
責任編輯／何若文
美術設計／楊啟巽工作室

版　權／吳亭儀、翁靜如
行銷業務／林彥伶、張倚禎
總 編 輯／何宜珍
總 經 理／彭之琬
發 行 人／何飛鵬
法律顧問／台英國際商務法律事務所　羅明通律師
出　版／商周出版
臺北市中山區民生東路二段141號9樓
電話：(02) 2500-7008　傳真：(02) 2500-7759
E-mail：bwp.service@cite.com.tw
發　行／英屬蓋曼群島商家庭傳媒股份有限公司城邦分公司
臺北市中山區民生東路二段141號2樓
讀者服務專線：0800-020-299　24小時傳真服務：(02)2517-0999
讀者服務信箱E-mail：cs@cite.com.tw
劃撥帳號：19833503　戶名：英屬蓋曼群島商家庭傳媒股份有限公司城邦分公司
訂購服務／書虫股份有限公司客服專線：(02)2500-7718；2500-7719
　　　　　服務時間：週一至週五上午09:30-12:00；下午13:30-17:00
　　　　　24小時傳真專線：(02)2500-1990；2500-1991
劃撥帳號：19863813　戶名：書虫股份有限公司
　　　　　E-mail：service@readingclub.com.tw
香港發行所／城邦(香港)出版集團有限公司
　　　　　香港灣仔駱克道193號超商業中心1樓
　　　　　電話：(852) 2508-6231傳真：(852) 2578-9337
馬新發行所／城邦(馬新)出版集團
　　　　　【Cité (M) Sdn. Bhd】
　　　　　41, Jalan Radin Anum, Bandar Baru Sri Petaling,
　　　　　57000 Kuala Lumpur, Malaysia.
　　　　　電話：(603)9057-8822　傳真：(603)9057-6622
商周出版部落格／http://bwp25007008.pixnet.net/blog
行政院新聞局北市業字第913號

封面設計／楊啟巽工作室
印　刷／卡樂彩色製版印刷有限公司
總 經 銷／高見文化行銷股份有限公司　客服專線：0800-055-365
電話：(02)2668-9005　傳真：(02)2668-9790

■2014年（民103）11月11日初版
■2021年（民110）09月06日初版5刷
Printed in Taiwan
定價420元

國家圖書館出版品預行編目（CIP）資料

到艾雷島喝威士忌：嗆味酒人朝聖之旅 /
梁岱琦作. -- 初版. -- 臺北市：商周出版：
家庭傳媒城邦分公司發行, 民103.11　　面
；　公分. -- (Style；8) ISBN 978-986-272-
677-8(平裝) 1.威士忌酒 2.遊記 3.蘇格蘭
463.834　　　　　　　103019963

城邦讀書花園
www.cite.com.tw

Islay

Islay

蘇格蘭
Scotland

艾雷島
Islay

Islay